아름다운 뜨락이 있는

한옥조경

아름다운 뜨락이 있는

한옥조경

초판 발행 | 2021년 04월 12일
2 판 발행 | 2022년 01월 25일

저　자 | 한문화사 편집부

자문위원 | 생태환경Design연구소 장익식 이학박사(L.A CM)
　　　　　전 육군사관학교 조경실장 김재원
　　　　　수제천 대표 유흥준

발행인 | 이인구
편집인 | 손정미
사　진 | 인산, 이현수
디자인 | 나정숙
도　면 | 최재림

출　력 | (주)삼보프로세스
종　이 | 영은페이퍼(주)
인　쇄 | (주)웰컴피앤피
제　본 | 신안제책사

펴낸곳 | 한문화사
주　소 | 경기도 고양시 일산서구 강선로 9, 1906-2502
전　화 | 070-8269-0860
팩　스 | 031-913-0867
전자우편 | hanok21@naver.com
출판등록번호 | 제410-2010-000002호

ISBN | 978-89-94997-45-2 13540
가 격 | 40,000원

아름다운 뜨락이 있는

한옥조경

한문화사

들어가는 말

자연의 이치를 깊이 깨닫고 지나치거나 모자람이 없는 자연 속에서 삶의 터전을 일구어가는 것이야말로 한옥의 기본정신일 것이다. 현대의 도시생활 환경에서는 누리기 어려운 일이 되었으나, 전통조경 역시 이러한 자연주의를 근간에 두고 있다. 집 안보다는 바깥 주변에 눈길을 돌려 산세가 아름답거나, 물, 바위, 나무 등 자연이 빼어난 곳을 찾아 그 자연환경에 거스르지 않게 집을 짓고, 정원 경관의 요소로 차경을 적극적으로 도입하였다. 마당에는 인위적인 연못이나 가산을 만들어 경치를 조성하기보다는 최소한의 시설만으로 조원하여 안에서 밖의 풍경을 즐기는 자연풍경식이 한옥조경의 주류를 이루었다.

이렇듯 자연주의를 바탕에 둔 전통조경이 이제는 시대의 흐름에 따른 변화를 맞이하고 있다. 과거 농경생활이 주(主)가 됐던 시기의 한옥 마당은 농작물을 건조하거나 갈무리하고, 관혼상제(冠婚喪祭)와 같은 집안의 대소사를 치르기 위한 장소로써, 다목적 기능을 수행하며 많은 사람과 소통을 위한 필수적인 생활공간으로써의 역할이 컸다. 그러나 현대에 이르러서는 농촌이라 해도 농업을 주 생업으로 하는 전통한옥이 드물거니와 농사방식 또한 기계화로 과거 마당의 역할은 매우 미미해졌다. 빛의 반사 효과를 위해 한옥 마당에 깔았던 마사토는 밝은 전등이 대신하며 그 필요성이 크게 줄어들었다. 이처럼 현대한옥의 조경은 환경과 문화, 시대에 적응하려는 사람들의 의식 변화로 말미암아 마당에는 잔디가 깔리고, 연못과 가산, 다양한 점경물이나 시설물이 들어서는 등, 과거와는 다른 개념, 다른 분위기로 변화된 모습을 쉽게 찾아볼 수 있다. 자연스럽게 한옥을 선호하는 사람들의 조경에 대한 관심 또한 커지면서, 한옥에서 정원이란 주제는 이제 빼놓을 수 없는 중요한 화두가 되었다.

이러한 흐름은 현대한옥과 일반 전원주택 조경의 경계와 구분을 모호하게 만드는 측면이 없지 않다. 하지만, 우리만의 독특한 건축양식인 한옥을 중심에 두고 펼쳐지는 조경이란 관점에서 좀 더 깊이 있게 들여다봐야 할 요소들은 분명 존재한다. 전통과 현대적인 방식을 접목해도 이질감이나 어색함이 없이 서로 조화를 잘 이루는 아름다움을 연출해야 한다는 점에서 건축주의 고민과 창의적인 아이디어가 필요하다. 그렇다면 한옥의 독특한 멋과 가치를 높여주는 조경을 위해서는 무엇을 어떻게 해야 할까? 이번 「아름다운 뜨락이 있는 한옥조경」에서 이런 궁금증에 대한 해답을 어느 정도 찾을 수 있을 것이다. 「아름다운 뜨락이 있는 한옥조경」은 26곳의 다채로운 한옥 조경 사례를 소개하고, 사례마다 주요 식물과 조경 도면, 조경 디테일 사진을 촘촘히 실어 한옥 조경에 대한 유익한 정보를 전달하고자 하였다. 또한, 오랜 세월 우리 민족의 정서 속에 깃들어 있는 소나무에 대한 관리 방법과 수형 만들기, 꽃과 나무의 품격 및 운치에 대한 등급을 자세하게 소개한 유박(柳璞)의 화목구등품제(花木九等品第)에 대한 내용도 함께 실었다.

한옥, 이제 더는 아득히 먼 고향마을의 그리운 옛집이 아니다. 추억 속의 한옥이나 역사적인 문화유산으로서의 가치를 넘어 한옥은 이제 늘 현대인과 함께 호흡하고 있는 우리 삶의 공간으로 발전하고 있다. 꽃과 푸른 나무가 한옥 마당을 아름답게 수놓고, 밝은 전등 빛은 밤하늘에 비친 한옥을 더욱 빛내주며 변화된 모습으로 그 가치를 인정받고 있다. 한옥의 멋과 가치를 높여줄 나만의 명품정원을 꿈꾸는 이들에게 이 책이 좋은 실용서가 돼주길 바란다. 끝으로 책의 완성을 위해 도움을 주신 모든 분께 심심한 감사의 마음을 전한다.

한문화사 편집부

자연을 내 집 뜨락으로…, 다양한 테마조경으로 고객의 그린 꿈을 실현하는 '조경나라'

다양한 조경설계·시공 노하우를 지닌 끼 많은 꾼들이 고품격 조경디자인을 제공합니다.

조경나라는 아름다운 정원을 꿈꾸는 사람들의 휴식과 재충전을 위한 녹색공간을 디자인하고 설계·시공하는 조경전문업체입니다. 용인시 처인구 남사면 전궁리사 거리에 3,967㎡(1,200평)의 상설전시관을 두고, 각종 조경수와 야생화, 조경석, 한옥 점경물, 조경 첨경물과 소품 외 식물에 대한 유용한 정보까지 일괄 판매망을 구축하여 조경공사는 물론, 조경에 필요한 각종 자재를 공급하고 있습니다. 전시 관은 동양식 조경과 유럽의 서양식 조경을 다양한 디자인으로 꾸며 놓아, 언제든 지 방문하면 관람하며 쉴 수 있도록 편의를 제공하고 있습니다.

▶ 1,200평 상설 전시관 개방, 한옥조경 조경자재 일괄 구매 가능

▶ 전시관 부근 조경수 직영 농장 1,500평 운영, 조경수 일괄 구매 가능

조경나라는 건축주들의 요구에 맞는 녹색공간을 조성하기 위해 조경설계부터 시공까지 원스톱시스템을 갖추고 있으며, 시공 원가를 낮추고 좋은 나무를 제공하기 위해 직접 생산농장을 운영하고 있습니다. 30여 년간 다져 온 조경 노하우와 오랜 현장경험에서 나온 장인정신으로 고객 한 사람 한 사람이 편안하면서도 행복한 전원생활을 영위할 수 있도록 고객의 입장을 최우선으로 생각합니다. 또한, 오랜 원예 실무경험과 깊은 안목으로 보고 즐기는 조경에 그치지 않고 개개인의 정서와 취향을 반영한 맞춤형 조경으로 설계·시공, 이후 관리까지 고객의 일상생활 가까이에서 함께 호흡하고 소통하며 고객을 돕고 있습니다. 현대인들의 잃어버린 마음의 정원, 그 정원을 찾아드리고자 고객과의 약속을 생명처럼 지키기 위해 저희 (주)조경나라 임직원 일동은 끊임없이 노력하고 있습니다.

▶ 주요 취급 품목: 동양식 정원, 서양식 정원, 조경수 유통(소나무, 특수목 등), 조경석 유통, 조경 용품, 잔디, 묘목, 과실수, 야생화 일절

▶ 한옥조경 취급 점경물: 정자, 계단재, 디딤석(원형, 사각, 부정형), 경계석, 괴석, 호피석, 사고석, 맷돌, 물확, 석분, 석탑, 석등, 물레방아 등

조경나라
Landscaping Land

상설전시장 경기도 용인시 처인구 남사면 어진로433 (내비게이션: 전궁리사거리)
시공문의 T. 031-221-0900~4, 010-5311-0855, 010-7107-0901 / F. 031-337-0901
홈페이지 https://www.jknara.kr **E-mail:** jk-nara@naver.com

CONTENTS

아름다운 뜨락이 있는

한옥조경

01 소나무 관리와 수형 만들기 화목구등품제

02 한옥조경 사례

01

02

01 소나무 관리와 수형 만들기, 화목구등품제

소나무는 예로부터 우리 민족의 정서와 잘 맞아 소나무에 대한 미(美)의식은 물론, 수형이 아름답고 관상가치가 커 으뜸으로 여긴다. 어느 정원에서나 주요 정원수로 가장 많이 쓰이는 만큼 많은 사람이 좋아하고 관심도 높다. 별도로 이 장에서 소나무 관리와 수형 만들기에 대한 기본적인 내용을 요약하였다. 또한, 식물을 아름다움보다는 높고 뛰어난 운치, 부귀, 절개, 번화 등 상징적 의미에 따라 꽃과 나무의 품격 및 운치를 등급으로 나누어 소개한 유박(柳璞)의 화목구등품제(花木九等品第)도 실었다.

소나무 관리와 수형 만들기

수목의 형태는 수관의 외곽선과 가지의 형태, 생장 습성에 의해 결정된다. 조경디자인을 할 때 소나무의 경우, 성숙목 고유의 형태를 예측하여 정지·전정으로 수형을 아름답게 만들 수 있다. 특히 소나무의 수형은 다양하여 전원주택 등 식재지에 따라 적절한 수형을 고려하여 식재해야 한다. 이러한 소나무의 수형은 오랜 세월을 거쳐 선인들의 탐구 속에서 구성된 것으로, 얼핏 보면 아무런 변화 없이 전수되어온 것 같지만, 시대에 따라 많은 변화가 내재되어 있다. 그 배경에는 소나무에 대한 미(美)의식은 물론이거니와 우리 민족의 마음속에는 항상 소나무가 자리하고 있어 소나무 수형에 대한 관심도 그만큼 커지고 있기 때문이다. (출처_소나무 관리도감(한국농업정보연구원), 취재협조_하늘조경)

한쪽으로 굽어진 형태의 사간으로 식재한 부분에 여백이 있어 시원함을 준다.

1. 소나무 수형의 형태 및 종류

수목은 자연에서 자란 그대로의 형태로 조경수로 이용하는 경우도 많지만, 실제로 식재한 후에 매년 인공적으로 수형을 다듬어 주지 않으면 모양이 흐트러져 단정하지 못하다. 자연적으로 만들어진 소나무의 수형이 아무리 아름답고 훌륭하다고 해도 소나무 자체가 생물체이므로 정원에 옮겨 심은 후에 원치 않는 새순과 가지들이 자라 나와 이식 당시 아름다웠던 본래의 수형을 그대로 유지하기가 어렵다. 따라서 필요에 따라 적당히 순지르기나 가지치기 등 정지·전정을 해야 하고, 생장 억제와 유인 등의 조작을 통하여 소나무의 아름다움을 유지할 수 있도록 노력해야 한다.

1) 소나무 수형의 형태

(1) 정형(整形) : 주상형, 원형, 우산형, 원추형, 난형, 배형 등 수관이 고르게 균형 잡혀 있는 수형이다.

(2) 부정형(不整形) : 수관의 형태가 불균형하게 파생되어 전후좌우가 불규칙한 모양으로 자연 상태에서 자라는 수형이다.

(3) 예삭형(刈削形) : 지엽을 전정해서 수관의 형태가 기물이나 동물과 같은 모양을 띠는 수형이다.

(4) 직간형(直幹形) : 주로 교목성 수종에서 수관이 곧게 자라는 형태이다.

(5) 곡간형(曲幹形) : 수간이 구불구불하게 뻗은 형태이다.

직간형

줄기가 붉고 곧은 직간형(直幹形) 금강송이다.

직간

곡간(굽은 간)

자주색 소나무 암꽃은 새로 자란 가지 끝에 1~3개가 달린다.

노란색 소나무 수꽃은 어린 가지 밑 부분에 여러 개가 촘촘히 모여 달린다.

2) 소나무 수형의 종류

(1) **직간** : 하나의 곧은 줄기가 위로 솟은 나무로 하부에서 상부로 올라감에 따라 자연스럽게 가늘어지고 가지도 순서 있게 전후좌우로 엇갈려 뻗은 모양의 수형이다.

(2) **곡간(굽은 간)** : 줄기에 곡선이 있고 가지도 줄기와 균형을 이루어 전후좌우로 엇갈려 구불구불하게 자라는 것으로 많은 사람이 좋아하는 수형이다. 곡간은 하부의 지면에서부터 상부의 정단부까지 좌우로 고루 굽어야 한다. 가지는 구부러진 부위에서 나와야 하며 1지와 2지 또는 3지의 위에서부터 전후 가지를 짧게 둔다.

(4) **현애** : 고산지대의 높은 벼랑에 늘어져 생장하고 있는 형태를 묘사한 것으로 묘목 때부터 밑 부분 가지에 곡을 주어 아래로 늘어지게 뻗어서 자라는 수형이다.

(6) **삼간** : 가지와 줄기가 세 갈래로 자라는 수형으로 세 가지가 서로 비슷하게 생장하여 안정감이 있어야 한다.

(3) **사간(한쪽으로 굽은 간)** : 사간은 한쪽으로 가지가 치우쳐 굽어진 형태를 말하는 것으로 한쪽으로 비스듬히 누워서 식재한 부분에 여백이 있어 매우 시원함을 준다. 특히 예술인들이 선호하는 수종이지만 가지 배치에 어려움이 있는 수형이다.

(5) **쌍간** : 같은 뿌리 밑부터 두 갈래로 균형감 있게 안정적으로 갈라져 자라는 수형으로 두 가지 중 한 가지는 크고 굵어야 하며 같은 방향으로 윗가지도 같이 자라게 하여 의좋아 보이게 하는 수형이다.

(7) **모아 심기(군식)** : 여러 그루의 크고 작은 나무를 일정하거나 불규칙한 간격으로 식재하여 자연스러운 작은 숲을 조성한 느낌을 주는 형태로 나무의 본 수를 7본 또는 9본, 11본 등 홀수로 식재하여 작은 소나무는 바깥쪽에 심고 큰 나무는 중앙으로 심어 전체 수관의 형태가 우산형처럼 안정감이 들도록 한다.

(8) **부정형** : 주간과 주지의 형태가 불규칙하게 자연 상태로 자라는 수형이다.

3) 수관 모양에 따른 수형

수관(Crown)은 가지의 분지분포에 따라서 형태가 만들어지는 수형의 윤곽을 말하며, 중앙에서 간 축선이 가지의 분지 각과 길이에 따라서 정해지므로 가지의 많고 적음이나 소밀에는 관계가 없다.

(1) **삼지형** : 밑가지가 3가지로 수관을 이루게 하여 안정감이 있게 가지를 배열하여 수형을 만든다.

(2) **우산형** : 나무의 수관이 우산 모양처럼 항상 질서 정연하게 가지가 배열되도록 하여 아름답고 안정감을 주는 수형이다.

(3) **총간형** : 주로 반송으로 나무의 밑둥지로부터 여러 개의 가지가 생기는 성질이 나타나는 것으로, 나뭇가지가 5갈래 이상 나오는 것을 말한다.

(4) **와룡형** : 가지의 배열이 용트림처럼 자라는 수형으로 수고가 높지 않고 2m 미만으로 가지가 밑으로 뻗은 수형이다.

(5) **처진형** : 가지가 아래로 처지는 수형으로 보는 이들에게 안정감을 주는 수형이다.

(6) **계단형** : 인공적으로 층계를 만드는 수형으로 위로 갈수록 좁게 만들어 전체 수관 형태가 삼각형이 되도록 하여 안정감을 주는 형태로 일반적으로 정원에서 많이 이용되는 수형이다.

(7) **원형** : 수형이 공처럼 원 모양으로 가지 배열, 가지 치기, 잎 따기 등을 통하여 유도되는 수형이다.

(8) **원추형** : 수관이 뾰족하게 긴 삼각 모양으로 자라 는 수형으로 가로수, 울타리용 정원에 적합한 수형 이다.

(9) **포복형** : 줄기가 지표면과 나란히 자라는 수형으로 수관이 지면에 펼쳐지거나 누워있는 형태로 마치 땅으로 기는 듯한 수형이다.

2. 소나무 정지·전정

1) 정지·전정의 용어 정리 및 목적

소나무는 나름대로 고유의 수형이 있지만, 많은 수종 의 조경수들은 인공적으로 수형을 다듬고 손질해야만 조경수로서의 가치를 더할 수 있다. 수형다듬기 작업 은 일반적으로 정지 또는 전정 등으로 불리는데 단순

히 가지나 잎을 잘라내는 것으로 끝나는 것이 아니라 나무가 가장 아름답게 잘 자랄 수 있는 조건을 만들어 주는 것이다. 수목은 전정 후에도 계속하여 생장하므 로 눈이 나오는 시기와 방향, 잎이 나오는 방향, 개화 기와 착화가지 등 수목 생리에 관한 지식과 관찰을 통 해 이 작업을 익혀가야 한다. 정지·전정 시 대부분 사 람이 실제 자를 부위를 결정하지 못해 선뜻 마음대로 가지를 자르지 못하는 경우가 흔하다.

(1) 수목가지 관리 용어 정리

수목을 관리하는 방법에 꼭 필요한 부분이 정지·전정 이다. 크게 정지, 전정, 전지의 방법이 있는데 용어에 따라 조금씩 다르다.

01. 정지(整枝) : 수목의 자연 상태 그대로 본래의 수 형과 기능을 유지하기 위한 생장조절 (줄기, 가지 에 나무의 특성과 수형을 위하여 인위적으로 만들 어 가는 기초 작업)
   - 가지치기, 자르기, 다듬기 하는 작업
   - 수형 조절(樹形 調節): 수형을 영구히 유지, 보존

정지하여 조형미를 높이고 수목 전체의 원활한 통풍과 햇빛을 고르게 받도록 하였다.

- 나무 전체를 아름다운 모양의 골격 유지와 수목 형태 고유 특성에 맞도록 다듬는 행위

02. 전정(剪定) : 수목의 수형을 통해 건강하고 충실한 꽃과 열매 수를 조절
- 수목 이식 후 고사를 막기 위한 수목의 줄기, 가지를 자르는 행위
- 용도 : 과실생산, 조경용 가치(분재 유형)를 위한 형태 변경
- 관상, 개화결실, 생육 조절 등의 목적을 위해 줄기, 가지 일부 자르는 행위

03. 전지(剪枝) : 부실한 가지 전부를 제거(자르기)

(2) 정지·전정의 목적

01. 불필요한 가지를 제거하여 조형미를 높이고 수목 전체에 햇빛이 고르게 닿도록 한다.

02. 가지 사이 통풍을 원활히 하여 풍해와 설해에 대한 저항력을 높이고 병해충 서식처를 제거한다.

03. 도장지나 허약한 가지, 이병지, 곁가지, 근주 부분의 움 등을 제거하여 영양분의 손실을 막아 건전한 가지의 생장을 촉진한다.

04. 한정된 공간에 필요 이상으로 자라지 않도록 주지나 주간을 전정하여 생장을 억제한다.

05. 잔가지의 발생을 촉진해 차폐, 방풍, 방진, 방음, 녹음 등의 효과를 증대시킨다.

위와 같이 미(美)적 가치를 높이고 실용적 효용을 증대시키며 생리적으로 수목이 잘 생육할 수 있는 조건을 만들어 주기 위해 정지·전정을 하는 것이므로 목적에 맞게 작업을 해야 한다.

2) 정지·전정의 종류

정지·전정의 시기는 수종이나 목적에 따라 다르며 일반적으로 소나무는 대부분 이른 봄인 휴면기에 실시하지만, 때로는 생육기에 실시하는 여름 전정 또는 하계 전정이 필요할 때도 있다.

(1) 봄 전정 : 일반적으로 평균기온이 5℃ 이상이 되면 눈의 움직임이 시작되고, 10~30일 정도면 잎이 나오

기 시작한다. 즉, 3~5월에 실시하는 전정을 봄 전정이라고 한다. 그러나 이때는 영양생장기로 접어들어 신장 생장이 최대인 시기이기 때문에 봄 전정을 늦게 하는 경우, 나무의 굵은 가지를 자르는 등의 강한 전정을 하게 되면 수세가 쇠약해질 수도 있다.

(2) 여름 전정 : 6월부터 8월에 걸쳐 실시하는 전정이다. 이 때는 수목의 생장이 활발한 시기로, 도장지가 많아지고 지엽이 밀생하여 무성하게 되기 때문에 수형이 흐트러질 수 있으며 풍해의 피해도 우려된다. 또한 수관 내의 통풍이나 일조 상태가 불량해지므로 병해충의 피해가 발생하기 쉽다. 따라서 이런 피해가 발생하지 않도록 하기 위하여 밀생한 지엽을 솎아내고 도장지 등을 하기(夏期)에 잘라내는 작업이 여름 전정이다. 이때는 고온으로 인하여 성장이 일시 중지되고 양분 축적기로 이행되어 비대생장을 하는 한편, 화아(꽃눈)를 만드는 시기이므로 강전정은 피하도록 한다.

(3) 가을 전정 : 9월부터 11월에 걸쳐 실시하는 전정

으로 강전정을 하기보다는 여름철에 자라난 도장지나 혼잡한 가지 등을 가볍게 전정하는 정도로 실시한다. 다음 해의 개화에 문제가 있을 수 있다. 그러나 깎아 다듬기의 경우 9월 중·하순에 일찍 가을 전정을 하면 새잎이 자라 절단 부위가 보이지 않으므로 관상 가치를 높일 수 있다. 따라서 휴면에 접어들어 실시하는 가을 전정과 겨울에 강전정을 해도 무방하다. 그러나 기온이 낮아 동해의 우려가 있는 지방에서는 땅이 풀린 후, 수액이 유동하기 전에 전정하는 것이 좋다.

(4) 겨울 전정 : 겨울 전정은 소나무의 생리 기능이 저하되고 광합성 등의 신진대사도 활발하지 않은 휴면기에 실시하므로 약·강전정을 해도 손상이 가장 적은 때이다. 수형을 고려하면서 불필요한 가지를 쉽게 제거할 수 있으므로 작업이 효율적이다. 그러나 동해가 우려되는 추운 지방에서는 강전정을 하는데 주의하여야 한다. 12월~3월에 걸쳐 실시하되 될 수 있으면 향후 일기예보를 고려하여 12월~1월은 약전정, 2월은 강전정이 바람직하다.

3. 소나무 수형 만드는 방법

소나무는 우리나라의 대표적인 수종이며 사람들이 제일 좋아하는 수종이다. 또한 환경에 대한 적응성이 커서 초심자부터 숙달된 전문가까지 재배하고 있다. 소나무 수형은 어떤 수형으로 만들건 부자연스러운 느낌을 주지 않는다는 장점도 있다. 소나무는 초심자에게 친밀감을 주며 나무 수형 만들기도 쉬울 뿐만 아니라, 아무리 만들어도 싫증나지 않는 심오한 면이 있다. 소나무의 수형 만들기에서는 자생지에서의 감각을 염두에 두어야 한다. 자연 속에서는 우리가 생각지 못했던 약동감이 넘치는 수형을 볼 수가 있다. 현재 소나무는 지극히 일반적인 조경수 소재로써 어디에서나 쉽게 구할 수 있고 자기가 원하는 수형을 유인할 수 있는 장점이 있다.

1) 가지치기
소나무는 일반적으로 10월 중순에서 11월 상순 또는 2월 중순에서 3월 상순에 가지치기한다. 혹한기에는 피하는 것이 좋다. 가지치기의 목적은 나쁜 가지를 솎아내고, 불필요한 가지를 자르고, 희생지를 처리하는 데 있다.

2) 적아와 적심
(1) **적아** : 눈이 움직이기 전에 원하지 않는 눈을 제거하고 발생시킬 눈은 제거하지 않는다.
(2) **적심** : 새순이 목질화되어 굳어지기 전에 새순(신초)을 따버리는 작업으로 많이 자라는 가지의 신장을 억제할 수 있다.

3) 가지유인
운치가 있고 아름다운 나무는 가지가 사방으로 아래부터 위까지 같은 비율로 배열된 것이며, 가지가 아래로 내려진 것은 수령이 오래된 수목(노령목)의 형태를 나타내므로 생장하고 있는 나무는 생각대로 되어주지 않는다. 따라서 이를 물리적 힘을 가하여 인공적으로 만들어 주는 과정이 가지 유인이다. 가지의 생장을 억제하거나 빈 공간을 채워 전체적인 수형을 잡기 위하여 나무막대, 지주목, 철사, 끈 등을 이용하여 줄기를 구부리거나 가지의 방향을 바꾸는 작업이다.

4) 순 따기
순 따기의 목적은 나무 전체의 힘을 평균화시키고 한정된 기간에 잔가지의 수를 늘려서 가지를 짧게 유인하고 수형을 안정성 있게 하는 것이다. 순 따기를 하지 않으면 가지와 가지 사이의 간격이 길게 되므로 순 따기를 해 주어야 한다. 중요한 것은 반드시 나뭇가지 전체의 수세의 균형을 충분히 고려하여 키우고 싶은 순을 억제하여 유도하는 것을 말한다. 소나무의 순 따기 작업에서 가장 중요한 시기는 6월 하순~7월 상순이다.

농장에서 소나무를 정지·전정하여 수형관리를 하고 있다. (**취재 협조**_하늘조경, 경기도 덕양구 신원동 340-1, 010-9734-3420)

꽃과 나무의 품격
화목구등품제(花木九等品第)

현대인들로부터 가장 사랑받는 꽃은 장미이다. 그러나 시대에 따라 좋아하는 꽃이 같으리라는 법은 없으며, 사회적 흐름이나 개인의 취향이 변하기 때문에 달라지는 것도 당연하다. 조선시대까지만 해도 오랜 세월 가장 사랑받았던 꽃은 매화, 모란, 국화였다. 옛 선비들은 꽃과 나무의 품격 및 운치에 대하여 논의하였고, 그에 따라 등급을 나누기도 했다. 이러한 꽃의 등급을 자세하게 소개한 대표적인 사례는 유박(柳璞, 1730~1787)의 『화암수록(花庵隨錄)』에 실린 화목구등품제(花木九等品第)를 들 수 있다. 그 주요 내용에는 연꽃이 높고 뛰어난 운치를 더하는 등품 중에 우선에 있으며, 사계절을 나타내는 상징적인 꽃으로는 겨울꽃은 매화, 봄꽃은 작약, 여름꽃은 연꽃, 가을꽃은 국화로 전해지고 있다. 또한, 소나무에서는 굳은 의지를, 국화에서는 세상을 피해 조용히 사는 은일(隱逸)을, 매화에서는 높은 품격을 본받아야 한다고 보고 있다.

소나무가 아름답게 자랄 수 있도록 10여년에 걸쳐 정지·전정하여 조건을 만들어 주었다.

강희안의 화목구품(花木九品)

을유문고가 1973년에 강희안(姜希顔, 1417~1464)의 『양화소록(養花小錄)』을 번역 출간하면서 부록에 수록된 유박의 『화암수록』에는 강희안이 꽃나무를 9가지 등품으로 구분한 화목구품(花木九品)을 소개하고 있다.

1품 : 소나무, 대나무, 연꽃, 국화   **2품** : 모란

3품 : 사계화, 월계화, 왜철쭉, 영산홍, 진송(眞松), 석류나무, 벽오동

4품 : 작약, 서향화, 노송, 단풍나무, 수양버드나무, 동백나무

5품 : 치자나무, 해당화, 장미, 홍도, 벽도, 삼색도, 하얀 진달래(백두견), 파초, 전춘라(翦春羅), 금잔화

매화나무 | 봄, 3~4월, 담홍색·흰색

매실나무 | 봄, 3~4월, 흰색·담홍색

매화나무 | 봄, 3~4월, 흰색·담홍색

연꽃 | 여름, 7~8월, 분홍색·흰색

국화 | 봄~가을, 5~10월, 노란색·붉은색 등

모란 | 봄, 5월, 붉은색 등

작약 | 봄, 5~6월, 백색·붉은색 등

영산홍/왜철쭉 | 봄, 4~5월, 홍자색·붉은색 등

석류 | 봄~여름, 5~6월, 붉은색

대나무 | 여름, 6~7월, 붉은색

파초 | 여름, 6~8월, 황백색

차나무 | 가을, 10~11월, 흰색·연분홍색

동백나무 | 겨울~봄, 12~4월, 붉은색·흰색 등　사철나무 | 여름, 6~7월, 연한 황록색

해당화 | 봄, 5~7월, 붉은색　장미 | 봄, 5~9월, 붉은색 등

종려 | 봄~여름, 5~6월, 황백색　편백 | 봄, 4월, 황갈색, 붉은색

수양버들 | 봄, 4월, 황록색　진달래 | 봄, 4~5월, 연분홍색·자홍색 등

배나무 | 봄, 4월, 흰색　소철 | 여름, 6~8월, 노란색

살구나무 | 봄, 4월, 붉은색　배롱나무 | 여름, 7~9월, 붉은색·보라색 등

천리향 | 봄, 3~4월, 흰색·홍자색　포도나무 | 여름, 5~6월, 녹색

감나무 | 봄, 5~6월, 황백색　오동나무 | 봄~여름, 5~6월, 자주색

유자 | 봄~여름, 5~6월, 흰색　복숭아나무 | 봄, 4~5월 흰색·연홍색

수수꽃다리 | 봄, 4~5월, 자주색·흰색 등　목련 | 봄, 3~4월 흰색

6품 : 백일홍, 홍철쭉, 분홍진달래(홍두견), 두충나무

7품 : 이화(배나무꽃), 행화(살구나무꽃), 보장화, 정향나무, 목련

8품 : 촉규화(蜀葵花), 산단화(山丹花), 옥매, 출장화(出墻花), 백유화(白蕤花)

9품 : 옥잠화, 불등화, 연등화, 연교화, 초국화, 석죽화, 앵속각, 봉선화, 계관화, 무궁화

유박(柳璞)의 화목구등품제(花木九等品第)

각 등급마다 5가지씩 총 45종과 등외로 12종을 더하여 총 57종의 식물을 소개하고 있다. 식물을 아름다움보다 그 상징적 의미에 따라 9등급으로 나눈 것이다. 기준이 된 상징적인 의미는 높고 뛰어난 운치, 부귀, 절개, 번화 등이다.

1등급 : 높고 뛰어난 운치를 취한다. - 매화, 국화, 연꽃, 대나무, 소나무

2등급 : 부귀를 상징한다. - 모란, 작약, 영산홍, 석류, 파초

3등급 : 운치를 취한다. - 치자, 동백, 사철나무, 종려, 편백

4등급 : 운치를 취한다. - 배나무, 소철, 천리향, 포도, 유자

5등급 : 풍부하고 화려한 것을 취한다. - 석류, 복사꽃, 해당화, 장미, 수양버들

6등급 : 풍부하고 화려한 것을 취한다.
    - 진달래, 살구나무, 배롱나무, 감나무, 오동나무

7등급 : 각각의 장점을 가지고 있다.
    - 배나무, 수수꽃다리, 목련, 앵두나무, 단풍나무

8등급 : 각각의 장점을 가지고 있다. - 무궁화, 패랭이꽃, 옥잠화, 봉선화, 두충

9등급 : 각각의 장점을 가지고 있다. - 해바라기, 동자꽃, 한련화, 창포, 회양목

등 외 : 능금나무, 단내, 산수유, 위성류, 백합, 상해당, 산단화, 철쭉, 백자, 측백나무, 비자나무, 은행나무

수형이 잘 다듬어져 건강하게 생장한 홍매

앵두나무 | 봄, 4~5월, 흰색

단풍나무 | 봄, 5월, 붉은색

무궁화 | 여름, 7~10월, 흰색·분홍색 등

패랭이꽃 | 여름, 6~8월, 붉은색

옥잠화 | 여름~가을, 8~9월, 흰색

봉숭아 | 여름, 6~8월, 붉은색 등

두충 | 봄, 4~5월, 녹색

해바라기 | 여름, 8~9월, 노란색

동자꽃 | 여름~가을, 7~8월, 주홍색

한련화 | 여름, 6~9월, 붉은색·오렌지색 등

창포 | 여름, 6~7월, 노란색·녹색

회양목 | 봄, 4~5월, 노란색

홍매 | 꽃의 지름은 작고 꽃받침은 적갈색을 띠고 있는 옅은 분홍색 겹꽃의 홍매이다.

흑매 | 다른 홍매화보다 꽃 색깔이 검붉어서 흑매(黑梅)라고 부른다.

식물의 품등 구분에 있어서 단지 외형의 아름다움만 보고 판단하지 않고 하나하나의 식물 속에 숨겨있는 의미에 더 큰 비중을 둔 것으로 보인다. 그 중에서도 높고 뛰어난 운치가 있는 식물을 최고의 가치가 있는 것으로 꼽았다.

매화를 탐매(探梅)하다

옛 선비들이 매화나무를 좋아하는 이유는 추운 날씨에도 굳은 기개로 꽃을 피워 봄을 알려주는 불의에 굴하지 않는 선비정신과 고목에서도 살아 피우는 회춘(回春)의 상징으로 화목구등품 중 1품으로 손색없는 절제와 경륜, 검소와 겸손을 상징하는 꽃이기 때문이다.

매화는 꽃이 피는 시기에 따라

일찍 피는 조매(早梅), 추운 날씨에 피는 동매(東梅), 눈 속에 피는 설중매(雪中梅)가 있다.

꽃의 색깔에 따라

백매(白梅) : 꽃받침은 붉은색, 꽃은 흰색이다.

청매(靑梅) : 꽃받침과 새로 나온 가지가 녹색이라 푸른빛이 돈다고 하여 푸를 청(靑)을 써 표현한다.

홍매(紅梅) : 꽃받침과 꽃이 붉은색이다.

– 백매는 홍매보다 일찍 핀다.

– 매화는 꽃이 붉은색보다는 흰색을, 꽃받침과 꽃이 녹색의 푸른빛이 도는 것을 더 귀하게 여겼다.

우리나라의 명매

개량되지 않은 토종 매실나무는 현재 전국에 대략 200여 그루가 있으나 대부분 노쇠하여 고사되고 있는 가운데, 문화재청이 2007년도에 전국의 토종 고매 중 4그루를 천연기념물로 지정해서 보호하고 있다. 지정된 고매는 가장 수령이 많은 약 600년된 천연기념물인 강릉 오죽헌 율곡매(484호), 구례 화엄사 화엄매(485호), 장성 백양사 고불매(486호), 순천 선암사 선암매(488호)가 있다.

백매 | 사군자인 매화(梅)·난초(蘭)·국화(菊)·대나무(竹) 중에서도 으뜸으로 치는 매화는 이른 봄의 추위를 무릅쓰고 제일 먼저 꽃을 피운다.

청매 | 흰색의 매화 중에서도 꽃받침과 꽃이 녹색의 푸른빛이 도는 매화로 더 귀하게 여겼다.

강릉 오죽헌 율곡매, 백매

구례 화엄사 화엄매, 흑매

장성 백양사 고불매, 홍매

순천 선암사 선암매, 백매

02 한옥조경 사례

한옥조경의 설계와 시공은 별도의 영역이 아닌 건축과 조경이라는 유기적이고 통합적인 공간개념이다. 그러므로 한정된 공간에 자신만의 개성과 취향을 담아낸 아름다운 조경 연출을 위해서는 건축계획 시점부터 조경에 대한 계획도 함께 세워야한다. 미리 조경에 대한 다양한 정보와 사례를 들여다보고 감각과 안목을 넓히는 것은 조경 설계나 정원 디자인에 도움이 될 것이다. 이번 장에서는 전통과 현대방식을 결합하여 새롭게 변화하고 있는 다채롭고 아름다운 한옥 뜨락을 자세히 살펴볼 수 있다. 마당의 여백미를 살린 열린 정원, 비움과 개방의 미학이 깃든 사유의 정원, 오랜 전통문화가 살아있는 고즈넉한 고택 정원, 수려한 자연경관을 차경으로 끌어들인 숲속의 정원, 넓은 공간을 구획된 텃밭으로 꾸민 채소 정원 등 완성도 있는 조경을 중심으로 참고가 될 만한 26곳의 한옥조경 사례를 소개한다.

은평 한옥마을 띠앗채

설계·시공을 통합한
이상적인 조경

위 치	서울시 은평구 연서로50길
대 지 면 적	494㎡(149평)
조 경 면 적	315㎡(95평)
조경설계·시공	솔조경

수려하고 아름다운 자연을 배경으로 북한산 자락에 조성된 은평 한옥마을에는 건축주의 개성이 담긴 한옥들이 옹기종기 들어서 있다. 풍수지리학적으로 은평 한옥마을 일대는 좋은 집터의 여건을 고루 갖춘 곳으로, 서울의 태조산인 도봉산에서 뻗어 나와 중조산인 북한산으로 들어온 맑고 강한 맥이 지나는 터이다. 진관사 터가 어머니의 자궁이라면 은평 한옥마을은 탯줄로써 생명의 기운이 살아 숨 쉬는 명당으로 평가한다. 이 마을의 중심부에 바로 띠앗채가 자리 잡고 있다. ㄷ자형의 띠앗채는 남서쪽을 개방하여 자연경관을 끌어들이고 안식을 취할 수 있는 조원을 꾸몄다. 공간의 여백을 주어 시각적인 편안함과 아늑한 분위기로, 흙을 완만하게 쌓아 올려 마운딩 처리한 화단에 소나무, 화목, 자연석, 괴석, 담장, 우물, 채소밭 등의 요소들을 조화롭게 구성하여 연출했다. 특히 오랜 풍화작용에 의해 부드럽게 다듬어진 자연석은 이끼류의 착생식물이 자생하며 원시적인 자연미로 정원 분위기를 더한다. 정원 시공은 우선 정원의 골격을 이루는 지형과 구조물을 만들고 난 다음, 정원의 디테일을 이루는 포장과 식물재료의 식재 등으로 정원의 표피를 완성한다. 전자가 설계자의 관점이라면 후자는 대부분이 시공자의 손끝에서 이루어지는 단계라 할 수 있다. 그러나 설계와 시공은 별도의 영역이 아닌 통합적이고 감각적인 공간개념으로 정원 조성에서 매우 중요한 부분이라고 할 수 있다. 띠앗채는 건축주와 설계자, 시공자가 함께 조경 디테일에 대해 수많은 의견을 교환하고 공감대를 이룬 가운데 완성하여 서로 만족스러운 결과물을 얻게 된 조경 사례이다.

한옥 고유의 가치와 미를 계승·발전 시켜 우수한 한옥 건축 환경을 조성하고자 시행한 서울특별시 제1회 「서울우수한옥 인증제」에 당선된 은평한옥마을의 띠앗채이다.

주요 나무와 야생화 MAJOR TREE & WILD FLOWER

금테사철나무 여름, 6~7월, 연한 황록색
녹색인 잎사귀에 황금색의 무늬가 있다. 울타리나 정원,
반 그늘진 곳에 서식한다.

매발톱꽃 봄, 4~7월, 자갈색 등
꽃잎 뒤쪽에 '꽃뿔'이라는 꿀주머니가 매의 발톱처럼 안
으로 굽은 모양이어서 이름이 붙었다.

모란 봄, 5월, 붉은색
목단(牧丹)이라고도 한다. 꽃은 지름 15cm 이상으로 크
기가 커서 화왕으로 불리기도 한다.

매화나무 봄, 2~4월, 흰색
잎보다 먼저 피는 꽃이 매화이고 열매는 식용으로 많이
쓰는 매실이다. 상용 또는 과수로 심는다.

미니철쭉 봄, 4~5월, 분홍색
진달래와 달리, 철쭉은 독성이 있어 먹을 수 없는 '개꽃'
으로 관상용으로 작게 개량된 철쭉이다.

미스김라일락 봄, 4~5월, 진보라색
우리 수수꽃다리를 미국 식물 채집가가 북한산 백운대에
서 종자를 가져가 개량한 것을 역수입하였다.

분홍바늘꽃 여름, 7~8월, 분홍색
뿌리줄기가 옆으로 벋으면서 퍼져 나가 무리 지어 자라
고 줄기는 1.5m 높이로 곧게 선다.

붓꽃 봄~여름, 5~6월, 자주색 등
약간 습한 풀밭이나 건조한 곳에서 자란다. 꽃봉오리의
모습이 붓을 닮아서 '붓꽃'이라 한다.

뽕나무 여름, 6월, 노란색
오디는 소화 기능과 대변의 배설을 순조롭게 한다. 먹고
나면 방귀가 뽕뽕 나온다고 뽕나무라고 한다.

사계국화 봄, 4~5월, 연보라·분홍색
호주가 원산지이고 국화과의 여러해살이풀로 사계절 쉼
없이 핀다고 해서 사계국화라 한다.

수국 여름, 6~7월, 자주색 등
중성화(中性花)인 꽃의 가지 끝에 달린 산방꽃차례는 둥
근 공 모양이며 지름은 10~15cm이다.

숙근샐비어 여름~가을, 6~10월, 보라색
초여름부터 가을까지 꽃을 피우는 숙근식물로 내한성도
강하고 월동이 가능한 식물이다.

작약 봄~여름, 5~6월, 분홍색·흰색 등
높이 60cm 정도이고 꽃은 지름 10cm 정도로 1개가 피
는데 크고 탐스러워 '함박꽃'이라고도 한다.

주목 봄, 4월, 노란색·녹색
열매는 8~9월에 적색으로 익으며 컵 모양으로 열매 살
의 가운데가 비어 있고 안에 종자가 있다.

황금눈향나무 봄, 4~5월, 노란색
원줄기가 비스듬히 서거나 땅을 기며 퍼진다. 향나무와
비슷하나 옆으로 자라 가지가 꾸불꾸불하다.

휴케라 여름, 6~8월, 붉은색 등
다채로운 색깔과 모양을 가진 잎과 안개꽃처럼 풍성하게
피는 꽃도 예뻐서 정원에 흔히 활용하고 있다.

조경 도면 LANDSCAPE DRAWING

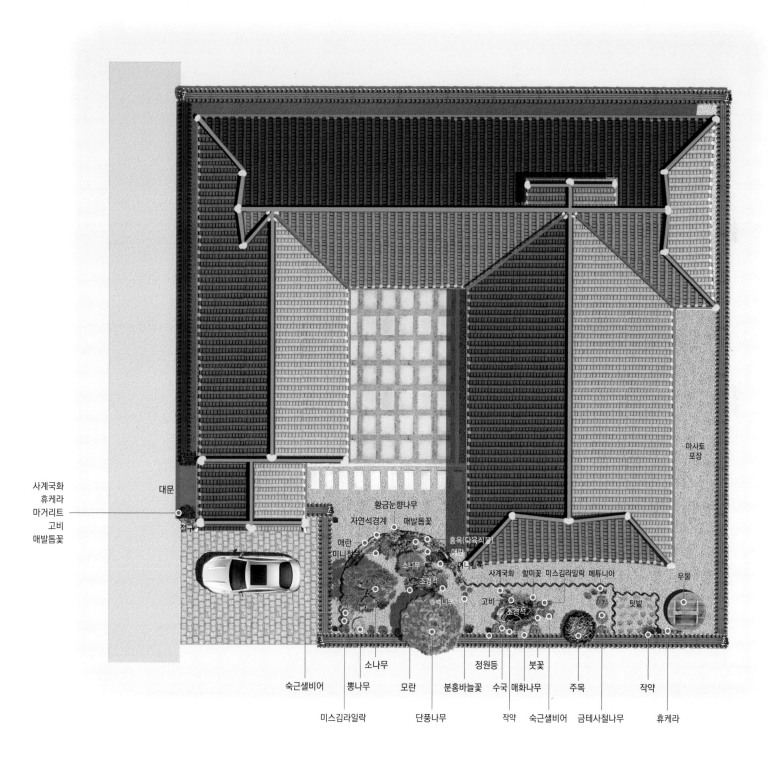

사계국화
휴케라
마거리트
고비
매발톱꽃

대문

절구

황금눈향나무

자연석경계   매발톱꽃

애란
미니창포

홍옥(다육식물)
애란

소나무

미니침엽

애란

조경석

사계국화 할미꽃 미스김라일락 페튜니아

고비

측백나무

조경석

마사토
포장

우물

텃밭

숙근샐비어   뽕나무   모란   분홍바늘꽃   수국 매화나무   주목   작약

소나무   정원등   붓꽃

미스김라일락   단풍나무   작약   숙근샐비어 금테사철나무   휴케라

01_ ㄷ자형의 한옥 마당을 잔디와 판석으로 포장하고, 맞은편에 마사토로 조원하여 전통한옥 마당의 개방된 분위기를 현대에 맞게 효과적으로 조성하였다.

02_ 많은 종류의 나무와 화초를 밀식하기보다는 간결한 느낌으로 여백미를 살려 한옥의 분위기와 조화를 꾀한 공간 연출이다.

03_ 겹처마에 걸쳐 펼쳐지는 정원풍경도 조경디자인에서 고려해야 할 사항 중 하나다.

04_ 전통담장을 배경으로 잘 어울리는 키 큰 적송을 요점식재 하였다.

05_ 부드러운 한옥의 처마선과 화단 경계의 곡선이 서로 조화를 이루며 정원의 분위기를 고조시킨다.

01

02

01 _ 화단 경계석 하나도 허투루 하지 않았다. 고태미가 묻어나는 자연석과 기와로 화단 경계를 둘러 한옥과 정원의 전체적인 분위기를 염두에 둔 조화로운 연출이다.
02 _ 마사토를 쌓아 올리고 완만하게 마운딩 처리하여 정원은 한결 자연스럽고 편안한 느낌이다.

03_ 수형이 아름다운 굴곡형 소나무 가지에 새집을 달아 시각적인 볼거리를 더했다.
04_ 오랜 세월의 퇴적과 풍화의 흔적을 짐작케 하는 괴석을 배치하고 주변에 키 작은 나무와 화초류를 심어 관상 가치를 높였다.
05_ 정원 한쪽에 우물을 배치하고 채소밭을 마련하여 정원 분위기를 더했다.

01_ 조경은 집안의 첫인상을 결정하는 데 큰 역할을 한다. 대문 출입구로부터 시야에 잘 들어오도록 조성하는 것도 정원설계 시 고려해야 할 중요한 사항이다.
02_ 대문에서 시야에 들어오는 화단에는 출입하는 사람의 눈높이에 적절히 맞추어 조경석을 세웠다.

01

02

03_ 집의 얼굴인 평대문을 열어젖히면 잘 정돈된 안마당이 보인다.

04_ 정원의 분위기를 고려해 바위를 중심으로 주로 키 작은 화목류와 초화류를 식재해 색다른 분위기를 연출했다.
계절 따라 다양한 꽃을 감상할 수 있도록 식물의 종류를 적절히 선택하는 것도 정원 가꾸기의 노하우이다.

05_ 정갈함과 간결함이 강조된 한옥 입구. 절구 석분에 계절 화초류를 심어 방문객들에게 환영의 따스한 마음을 전한다.

은평 한옥마을 목경헌

이끼류와 토종 향나무가
돋보이는 정원

위　　　치	서울시 은평구 진관길21
대 지 면 적	280㎡(85평)
조 경 면 적	191㎡(58평)
조경설계·시공	솔조경

북한산의 배경이 한눈에 들어 오고 도시와 가까운 전원주택지에 한옥이라는 특수성까지 더해진 은평 한옥마을은 자연과 더불어 살기 좋은 주거환경을 찾아 모여든 사람들이 주류를 이룬다. 목경헌의 건축주 부부도 이 대열에 합류했다. 복잡한 도심을 뒤로하고 자연을 접하며 색다른 공간을 꾸미며 살고 싶은 희망이 강했다. 건축주가 진관사 진입대로에 인접한 부정형의 마름모꼴 부지를 집터로 택한 이유는 향이 좋고, 집의 배치가 좀 더 자유롭고 개성 있을 것이라는 판단에서였다. J자 형태의 대지에 ㄷ자형 한옥을 짓고 마당을 조원하여 내·외부공간을 아름답게 조화시켰다. 요즘 부상하는 정원의 구성요소로 주로 활용하는 재료는 자연에서 구한 것들이 많다. 그만큼 자연의 모습을 최대한 집안에 끌어들여 가까이 두고 보려는 욕구가 크다. 따라서 자연의 멋을 그대로 자연스럽게 창조하는 조경 연출은 정원들이기에 있어서 중요한 주제 거리가 되고 있다. 목경헌도 자연 재료의 쓰임과 식재를 중요하게 다루면서, 한옥조경이라는 점을 고려하여 형형색색의 화려함보다는 자생종과 전통적인 요소로 채워 자연미를 강조하였다. 조경석은 이끼가 자라고 있는 자연 그대로의 산석을 가공하지 않은 상태로 옮겨와 자연미와 고태미가 살아 숨 쉬고, 화초류도 가급적 키가 작은 종으로 절제하여 조경석과 조화를 이루었다. 안동에서 옮겨와 마당 한가운데에 식재한 개성 있는 토종 향나무 분재가 눈길을 끌고, 문경과 제천에서 구한 자연석을 곳곳에 적절히 배치하여 마치 자연 속 작은 암석원을 보는 듯, 한옥 마당에서 자연의 깊은 멋을 감상하는 즐거움은 매우 크다.

2016년에 국토교통부 주관 '올해의 한옥대상'을 수상할 정도로 한옥의 전통적 구성과
현대건축의 세밀함이 돋보이는 완성도 높은 한옥이다.

주요 나무와 야생화 MAJOR TREE & WILD FLOWER

공작단풍/세열단풍 봄, 5월, 붉은색
잎이 7~11개로 갈라지고 갈라진 조각이 다시 갈라지며 잎은 가을에 붉은 빛깔로 물든다.

꽃치자 여름, 7~8월, 흰색
가지 끝에서 꽃자루가 자라서 1~2송이씩 달리며 꽃받침과 꽃부리는 6~7갈래로 갈라진다.

돌단풍 봄, 4~5월, 흰색
잎의 모양이 5~7개로 깊게 갈라진 단풍잎과 비슷하고 바위틈에서 자라 '돌단풍'이라고 한다.

매발톱꽃 봄, 4~7월, 보라색·하늘색·흰색 등
꽃이 하늘색인 하늘매발톱, 연한 황색인 노랑매발톱, 흰색인 흰하늘매발톱, 적갈색 매발톱꽃도 있다.

모란 봄, 5월, 붉은색
목단(牧丹)이라고도 한다. 꽃은 지름 15cm 이상으로 크기가 커서 화왕으로 불리기도 한다.

미니철쭉 봄, 4~5월, 분홍색
진달래와 달리, 철쭉은 독성이 있어 먹을 수 없는 '개꽃'으로 관상용으로 작게 개량된 철쭉이다.

부처손 봄~가을, 포자기 7~9월, 녹색
산지 암벽에 나는 상록 다년초로, 헛줄기는 갈라져 퍼지고, 건조할 때는 안쪽으로 돌돌 말린다.

분홍세덤 봄~가을, 3~11월, 분홍색
초장은 5~10㎝ 정도로 자라면 잎의 관상 가치가 높다. 가을에 잎에 드는 붉은 단풍은 꽃이 피어 있는 듯 보인다.

사계국화 봄, 4~5월, 연보라·분홍색
호주가 원산지이고 국화과의 여러해살이풀로 사계절 쉼 없이 핀다고 해서 사계국화라 한다.

솔세덤 여름, 7~8월, 노란색
다육성 식물로 잎의 모양이 솔잎을 닮아 붙여진 이름이다. 꽃은 별 모양으로 노랗게 핀다.

유리옵스 봄~여름, 4~6월, 노란색
그리스어의 유라오프스는 커다란 눈이라는 뜻으로 꽃이 눈 모양을 나타내는 데서 유래되었다.

이베리스 봄, 4~5월, 흰색
'눈꽃'이란 이름답게 하얀 눈꽃이 핀 듯한 모습으로 상록으로 해가 갈수록 목질이 되어 멋진 수형이 된다.

쿠페아 여름~가을, 8~11월, 연보라색
아메리카가 원산지로 가지가 많이 분지하며 잎은 촘촘히 붙어 있고 수형은 빽빽하여 아름답다.

할미꽃 봄, 4~5월, 자주색
흰 털로 덮인 열매의 덩어리가 할머니의 하얀 머리카락같이 보여서 '할미꽃'이라는 이름이 붙었다.

황매화 봄, 4~5월, 노란색
높이 2m 내외로 가지가 갈라지고 털이 없으며 꽃은 잎과 같이 잔가지 끝마다 노란색 꽃이 핀다.

휴케라 여름, 6~8월, 붉은색 등
다채로운 색깔과 모양을 가진 잎과 안개꽃처럼 풍성하게 피는 꽃도 예뻐서 정원에 흔히 활용하고 있다.

조경 도면 LANDSCAPE DRAWING

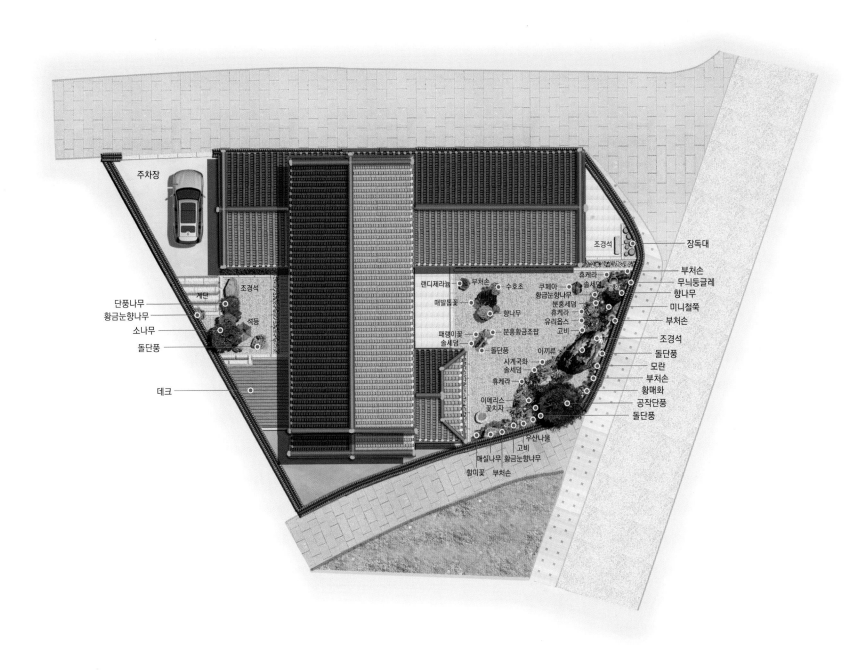

주차장

단풍나무
황금눈향나무
소나무
돌단풍

데크

계단
조경석
석등

조경석

장독대
부처손
무늬둥굴레
향나무
미니철쭉
부처손
조경석
돌단풍
모란
부처손
황매화
공작단풍
돌단풍

랜디제라늄
매발톱꽃
부처손
수호초
향나무
쿠페아
황금눈향나무
분홍세덤
휴케라
유리옵스
고비
휴케라
슬세덤

패랭이꽃
솔세덤
돌단풍
분홍황금조팝
이끼류
사계국화
솔세덤
휴케라
이메리스
꽃치자
우산나물
고비
매실나무 황금눈향나무
할미꽃 부처손

01

02

01_ 대로에 인접한 마름모꼴 집터의 담장은 문화재 복원이 전문인 고진티앤시에서 시공하였다.
02_ 당호(堂號)는 부부 이름의 마지막 글자인 '목'과 '경'을 따서 '목경헌'이라 이름 지었다.

03_ 한옥의 백미인 마당을 포기할 수 없어 대안으로 생각해낸 것이 2층 한옥이다.

04_ 생활에 활력을 불어넣어 주고, 안식처의 역할을 하는 정원은 기술과 감각적인 지혜를 발휘해야 하는 종합예술이다.

05_ 집안일이나 잔치를 위한 장소로 비워두었던 옛 한옥 마당이 시대의 흐름에 따라 이제는 꽃과 나무로 채워져 집주인의 취향을 담은 조경예술공간으로 바뀌고 있다. 마당 한가운데 식재한 토종 향나무의 독특한 수형이 이채롭다.

01

03

02

01_ 향나무, 공작단풍, 매화나무, 목단을 요점식재하고 조경석을 적절하게 배치하여 주변에는 키 작은 화초류를 심었다.

02_ 안정감 있게 배치한 편평한 자연석 위에 잘 자라고 있는 이끼는, 주인장의 정원가꾸기에 대한 정성이 어느 정도인지 짐작케 하는 풍경이다.

03_ 한옥 담장과 조화를 이뤄 장독대와 물확을 배치하고 사간 향나무로 공간을 연출했다.

04_ 마치 꾸미지 않은 자연인 양, 오랜 세월의 흔적이 느껴지는 매끄러운 자연석에 위에 세덤, 이끼류 등이 싱싱하게 자라며 원시적인 고태미를 뽐낸다.

05_ 돌 틈새에 건조한 환경에서도 잘 적응하는 부처손이 자리를 잡았다.

06_ 같은 자연석이지만 색감과 질감의 차이가 확연하다. 풍화작용의 영향을 적게 받은 산석은 마치 발파석과 같이 모서리가 거칠고 날카로우나 그 나름의 멋이 있다.

07_ 흰색의 꽃치자가 고고한 자태를 드러냈다.

01_ 고태미가 묻어나는 화단이 밝은 마사토 마당과 흰색 꽃담으로 더욱 돋보인다.

02_ 키 작은 자생식물과 초본류의 식재는 정원의 아기자기한 자연미를 높이는 데 효과가 크다.

03_ 정원 한옥 꽃담의 멋을 최대한 살리는 방향으로 디자인하였다. 깔끔한 흰색 꽃담과 초록 화단, 강렬한 붉은색 공작단풍이 서로 어울려 정원 분위기를 주도한다.

04_ 꽃담은 문화재공사 장인이 전통가마에서 구워낸 문양 토기로, 담장은 궁궐 미장 장인의 솜씨다.

05_ 옛 한옥의 빈 마당은 이제 시대의 요구에 따라서 자연이 살아 숨 쉬는 공간으로 탈바꿈하고 있다.

06_ 예각 진 뒤뜰은 소나무, 단풍나무, 우산나물, 황금눈향나무, 이끼 그리고 석등으로 연출하여 전통미가 느껴지는 공간이다.

H자형 1층과 一자형 2층으로 구성된 한옥의 열린 마당을
중심으로 담장 주변을 따라가며 이루어진 조경설계이다.

03

324 ㎡
98 py

은평 한옥마을 청인당

한옥마당의 공간미를 살린
열린 정원

위　　　치	서울시 은평구 진관길
대 지 면 적	419㎡(127평)
조 경 면 적	324㎡(98평)
조경설계·시공	건축주 직영

은평 한옥마을의 첫 집이자 끝 집인 청인당은 3블록의 맨 끝자락에 자리한다. 대지의 북측으로 유수지가 있고 남측 전면에는 도로와 공공보행로를 접하고 있는 두 필지 대지로, 연속적으로 붙어있는 다른 인접 필지에 비교해 대지 여건이 좋은 편이다. 건축주는 두 필지 중 한필지에 집을 짓고, 나머지는 마당과 주차장으로 남겨 여유로운 공간을 확보했다. 주요 실들은 남향으로 두고 동쪽 북한산의 차경을 오롯이 담기 위해 시야가 좌향으로 펼쳐지도록 배치했다. 집 대문에서 현관에 이르는 곳에 내외담을 세우고, 각 채 사이에 마당을 두어 적절히 분절함과 동시에 집 구석구석 채광과 환기가 잘되도록 설계했다. 한옥에서 빼놓을 수 없는 중요 구성요소 중 하나가 바로 공간의 여백미가 있는 열린 마당이다. 청인당은 이 점을 적극 반영하여 마당의 중심부분을 가능한 한 시원스럽게 열어두고, 네 곳으로 구분한 조경설계를 했다. 동쪽의 넓은 주정(主庭과)과 함께 대문 앞의 전정(前庭), 거실의 앞마당, 북쪽의 뒷마당 등 서로 다른 크기와 의미를 지닌 조경을 마당 주변의 담장을 따라 완성했다. 한옥 분위기와 잘 맞는 소나무를 곳곳에 요점식재하고 뒷마당은 담 대신 에메랄드그린, 황매화, 불두화를 생울타리로 조성해 전원 분위기를 살렸다. 현대적인 감각으로 재탄생하여 채의 구성미가 돋보이는 2층 한옥 청인당. 누마루에서 바라보는 주정과 시원스럽게 열린 앞마당에 옛 우리 선조들이 애경사를 치르며 울고 웃었듯, 청인당을 찾아오는 방문객들의 다양한 추억과 이야기가 채워져 가고, 계절 따라 변화하는 북한산의 아름다운 차경과 정원의 꽃과 나무는 건축주의 마음에 큰 위안이 될 것이다.

주요 나무와 야생화 MAJOR TREE & WILD FLOWER

남천 여름, 6~7월, 흰색
과실은 구형이며 10월에 붉게 익는다. 단풍과 열매도 일
품이어서 관상용으로 많이 심는다.

단풍나무 봄, 5월, 붉은색
10m 정도의 높이로 껍질은 엷은 회갈색이고 잎은 마주
나고 손바닥 모양으로 5~7개로 깊게 갈라진다.

대나무 여름, 6~7월, 붉은색
줄기는 원통형이고 가운데가 비었다. '매난국죽(梅蘭菊
竹)', 사군자 중 하나로 즐겨 심었다.

대추나무 여름, 6~7월, 황록색
높이 7~8m로 열매는 길이 2~3cm로 타원형의 핵과로
9~10월에 녹색이나 적갈색으로 익는다.

매발톱꽃 봄, 4~7월, 파란색·흰색 등
꽃이 하늘색인 하늘매발톱, 연한 황색인 노랑매발톱, 흰
색인 흰하늘매발톱, 적갈색 매발톱꽃도 있다.

매화나무 봄, 2~4월, 담홍색·흰색
잎보다 먼저 피는 꽃이 매화이고 열매는 식용으로 많이
쓰는 매실이다. 상용 또는 과수로 심는다.

배롱나무/백일홍/간지럼나무 여름, 7~9월, 붉은색 등
백일홍나무라고도 하며, 나무껍질을 손으로 긁으면 잎이
움직인다고 하여 간지럼나무라고도 한다.

불두화 여름, 5~6월, 연초록색·흰색
꽃의 모양이 부처의 머리처럼 곱슬곱슬하고 4월 초파일
을 전후해 꽃이 만발하므로 불두화라고 부른다.

사사 여름, 5~7월, 녹색
15~20cm 크기로 상록성으로 잎이 아름답고 군식의 효
과가 뛰어나 조경용으로 많이 이용한다.

수수꽃다리 봄, 4~5월, 자주색·흰색 등
한국 특산종으로 북부지방의 석회암 지대에서 자라며 향
기가 짙은 꽃은 묵은 가지에서 자란다.

에메랄드그린 봄, 4~5월, 연녹색
침엽상록 교목으로 서양측백나무의 일종. 에메랄드골드
와는 달리 잎은 늘 푸른 녹색을 띤다.

영산홍 봄~여름, 5~7월, 홍자색
일본산 진달래의 일종으로 높이 1m에 잎은 가지 끝에서
뭉쳐나고 꽃은 3.5~5cm로 넓은 깔때기 모양이다.

옥잠화 여름~가을, 8~9월, 흰색
꽃은 총상 모양이고 화관은 깔때기처럼 끝이 퍼진다. 저
녁에 꽃이 피고 다음 날 아침에 시든다.

장미 봄, 5~9월, 붉은색 등
장미는 지금까지 약 2만 5,000종이 개발되었고 품종에
따라 형태, 모양, 색이 매우 다양하다.

철쭉 봄, 4~5월, 연분홍색 등
높이 2~5m로 철쭉은 걸음을 머뭇거리게 한다는 뜻의
'척촉(躑躅)'이 변해서 된 이름이다.

황매화 봄, 4~5월, 노란색
높이 2m 내외로 가지가 갈라지고 털이 없으며 꽃은 잎
과 같이 잔가지 끝마다 노란색 꽃이 핀다.

조경 도면 LANDSCAPE DRAWING

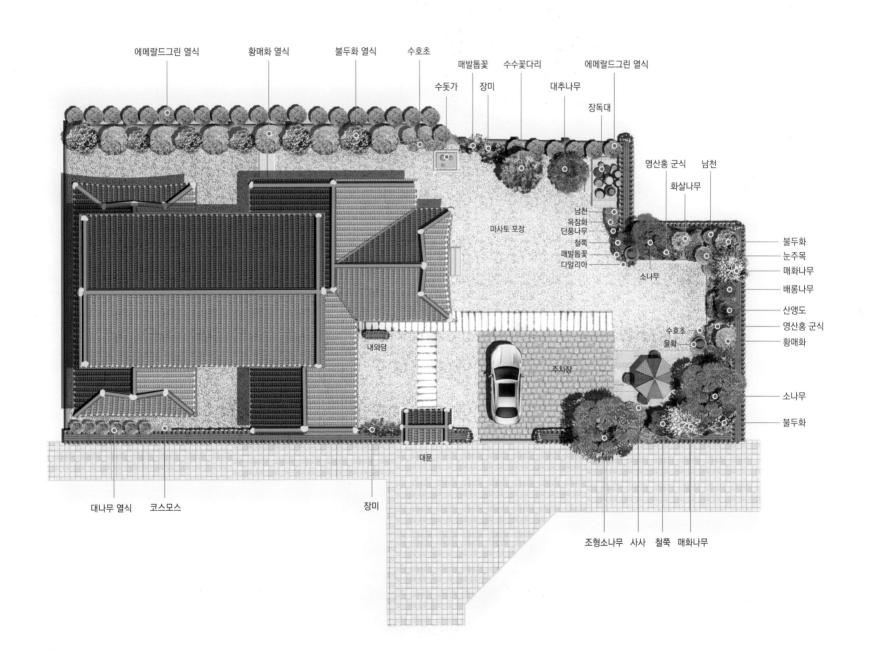

에메랄드그린 열식

황매화 열식

불두화 열식

수호초

수돗가

매발톱꽃

장미

수수꽃다리

대추나무

에메랄드그린 열식

장독대

영산홍 군식

남천

화살나무

마사토 포장

남천
옥잠화
단풍나무
철쭉
매발톱꽃
다알리아

소나무

불두화

눈주목

매화나무

배롱나무

산앵도

영산홍 군식

황매화

수호초

물확

내외담

주차장

소나무

불두화

대문

대나무 열식

코스모스

장미

조형소나무

사사

철쭉

매화나무

01_ 북한산의 원경이 시원스럽게 펼쳐지는 누마루 위 식당 전면의 넓은 마당과 정원풍경이다.
02_ 사고석과 전돌로 정성스럽게 축조한 한식 담장. 담장 너머 소나무와 한옥이 한데 어우러진 한옥의 건축미를 보인다.
03_ 장대석으로 화단 경계를 두루고 담장 아래에 낮은 관목 위주로 꾸민 화단이다.

04_ 키 큰 교목은 외곽으로 배치하고 마당의 중심은 비워 두어 전통한옥 마당의 모습을 재현하고자 하였다.
05_ 친환경 투수성 잔디블록으로 포장한 주차장과 영산홍, 불두화, 황매화로 화사하게 꾸민 주정원의 전경.
06_ 담장 한쪽에 장독대를 마련하여 하나의 점경물로 한옥 정원의 분위기를 더했다.
07_ 흰색 한옥 담장을 배경으로 화단의 꽃과 나무들이 제 모습을 찾은 듯 더욱 선명하게 돋보인다.

01_ 수형이 잘 잡힌 소나무 밑에 통나무로 앙증맞게 만든 야외 테이블을 놓아 꾸민 휴식공간이다.

02_ 돌확으로 정원의 볼거리가 더해졌다.

03_ 판석과 잔디블록, 장대석 화단 경계재와 한식 담장의 정원 요소들이 서로 자연스러운 조화를 이룬 풍경이다.

04_ 고풍스러운 청인당의 한식 대문, 자연을 배경으로 시원스럽게 열린 주차장과 앞마당의 전경이다.
05_ 북쪽 유수지 쪽으로 시야가 넓게 확장되어 안팎으로 일체감을 이루는 정원의 확장 효과를 거두었다.
06_ 현관에서 마당, 주차장까지 이어지는 주요 동선에 장방형 화강석 디딤돌을 놓았다.

01_ 도로에 면한 담장은 프라이버시를 고려해 개구부를 최소화하고 영롱담 쌓기로 전통적이고도 현대적인 입면을 보인다.

02_ 한옥의 건축미가 돋보이는 후면 전경, 목재 담장을 따라 에메랄드그린을 열식했다.

03_ 안방에 면한 담장 쪽에 키 큰 대나무를 심어 적당히 시야를 가리는 차폐 효과를 주었다.

04_ 울타리 안쪽으로 키가 작은 황매화와 불두화를 밀식하여 차폐했다.

05_ 대문에서 현관에 이르는 주 동선에 안채와 사랑채를 구분했던 전통한옥의 내외담을 세워 정원의 장식적인 요소로 풍경을 더했다.

04   156㎡ / 47 py

은평 한옥마을 선향제
화려한 숙근초 정원

위　　　치	서울시 은평구 연서로50길	
대 지 면 적	236㎡(71평)	
조 경 면 적	156㎡(47평)	
조경설계·시공	건축주 직영	

조경은 제한된 공간에 자연을 창출해 내는 하나의 예술작품으로 어떤 규정이 정해져 있는 것은 아니다. 사람들에게 호감을 주거나 개인의 취향에 따라서 또는 특이한 수종으로 보는 이들에게 생소함을 주는 등, 자신의 개성을 표현할 수 있는 선택이면 된다. 물론 정원의 위치나 크기, 구조물 등 기본적으로 주어진 여건들은 수종 선택 시 고려해야 할 중요한 항목이다. 환경 적응성, 관상 가치, 독특함, 자신의 취향 등을 고려하면서 정원의 다른 구성요소와도 서로 조화가 잘 이루어지도록 해야 한다. 마당이 꽃향기로 가득한 선향제(善香齊)는 키 작은 수목과 꽃이 화려한 숙근초를 중심으로 자유롭게 연출하여 색다른 생동감을 느끼게 하는 정원이다. 키 크고 웅장한 수목도 좋지만, 여러 가지 아기자기한 꽃으로 정원에 활력을 넣어 주는 것도 좋은 방법이다. 고광나무, 댕강나무, 말발도리, 수국, 수수꽃다리, 장미, 해당화 등 주로 우아하고 향기로운 꽃이 피는 꽃나무를 배치하고, 처마 아래는 그늘에서도 잘 자라며 화색이 화려한 다양한 알뿌리나 여러해살이 화초들을 적절히 배식하였다. 숙근초는 종류에 따라 모양이나 성장 속도에 차이가 있으나, 균형을 맞추어 심으면 해마다 계절마다 꽃을 볼 수 있고 관리도 비교적 쉬운 장점이 있다. 정원은 어떤 종류의 식물을 어떻게 균형감 있게 심느냐에 따라 분위기는 사뭇 다르다. 개성이 담긴 나만의 아름다운 정원을 창출하기 위해서는 먼저 다양한 식물에 대한 이해와 정보를 숙지하고 적재적소에 알맞은 식물을 배치해야 오랫동안 아름다운 정원을 유지할 수 있다.

마당에 잔디를 심고 가장자리에 키 낮은 관목류와 사이사이에 다양한 숙근초를 조화롭게 배식하여 싱그럽게 꾸민 정원이다.

주요 나무와 야생화 MAJOR TREE & WILD FLOWER

고광나무 봄~여름, 4~6월, 흰색
꽃의 지름은 3~3.5cm로 향기가 있고 차폐용이나 큰 나무의 하목으로 심으면 복층 미가 있다.

국화 봄~가을, 5~10월, 노란색·흰색 등
다년초로 줄기 밑 부분이 목질화하며 잎은 어긋나고 깃꼴로 갈라진다. 매, 죽, 난과 더불어 사군자의 하나다.

라벤더 여름~가을, 6~9월, 보라색·흰색
지중해 연안이 원산지로 잎이 달리지 않은 긴 꽃대 끝에 수상꽃차례로 드문드문 달린다.

말발도리 봄~여름, 5~6월, 흰색
열매가 말발굽 모양을 하고 있고, 꽃잎과 꽃받침조각은 5개씩이고 수술은 10개이며 암술대는 3개이다.

버베나 봄~가을, 5~10월, 적색·분홍색 등
주로 아메리카 원산으로 열대 또는 온대성 식물이다. 품종은 약 200여 종이 있다.

수국 여름, 6~7월, 자주색 등
중성화(中性花)인 꽃의 가지 끝에 달린 산방꽃차례는 둥근 공 모양이며 지름은 10~15cm이다.

수수꽃다리 봄, 4~5월, 자주색·흰색 등
한국 특산종으로 북부지방의 석회암 지대에서 자라며 향기가 짙은 꽃은 묵은 가지에서 자란다.

왕벚나무 봄, 4월, 흰색·홍색
높이는 10~15m에 달하고 꽃은 4월에 잎보다 먼저 피고 짧은 산방꽃차례에 3~6개의 꽃이 달린다.

종이꽃 여름~가을, 6~9월, 흰색·분홍색 등
꽃잎을 만지면 부스럭 소리가 나며, 그 감촉이 종이와 비슷하여 종이꽃이라 부르게 되었다.

차가플록스 봄, 5월, 연보라색
꽃잔디를 포함한 플록스류는 추위에도 매우 강한 편이어서 노지 월동을 하는 키우기 쉬운 꽃이다.

캐모마일 봄~가을, 5~9월, 흰색 등
달콤하고 상쾌한 사과 향을 지니고 있으며 차로 즐기거나 목욕, 미용, 습포 등에 이용한다.

톱풀 여름~가을, 7~10월, 흰색
잎이 어긋나고 길이 6~10cm로 양쪽이 톱니처럼 규칙적으로 갈라져 '톱풀'이라고 한다.

패랭이꽃/석죽 여름~가을, 6~8월, 붉은색
높이 30cm 내외로 꽃의 모양이 옛날 사람들이 쓰던 패랭이 모자와 비슷하여 지어진 이름이다.

팬지 봄, 2~5월, 노란색·자주색 등
2년초로서 유럽에서 관상용으로 들여와 전국 각지에서 관상초로 심고 있는 귀화식물이다.

플록스 여름, 6~8월, 진분홍색
그리스어의 '불꽃'에서 유래되었다. 꽃이 줄기 끝에 다닥다닥 모여 있는 모습이 매우 정열적이다.

해당화 봄, 5~7월, 붉은색
바닷가 모래땅에서 자란다. 높이 1~1.5m로 가지를 치며 갈색 가시가 빽빽이 나고 털이 있다.

조경 도면 LANDSCAPE DRAWING

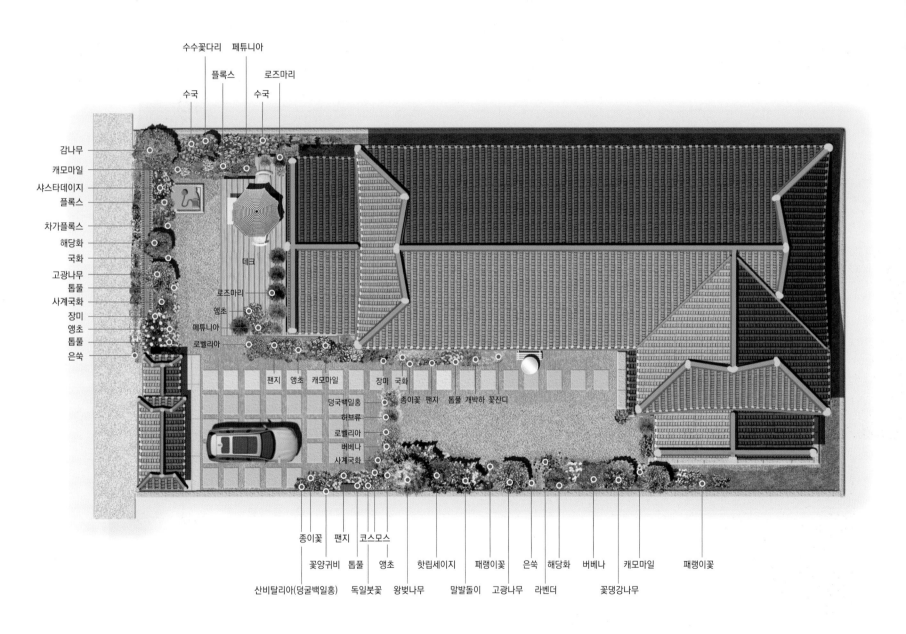

수수꽃다리 페튜니아
플록스 로즈마리
수국 수국

감나무
캐모마일
샤스타데이지
플록스
차가플록스
해당화
국화
고광나무
톱풀
사계국화
장미
앵초
톱풀
은쑥

데크

로즈마리
앵초
페튜니아
로벨리아

팬지 앵초 캐모마일 장미 국화

덩국백일홍 종이꽃 팬지 톱풀 개박하 꽃잔디
허브류
로벨리아
버베나
사계국화

종이꽃 팬지 코스모스
꽃양귀비 톱풀 앵초 핫립세이지 패랭이꽃 은쑥 해당화 버베나 캐모마일 패랭이꽃
산비탈리아(덩굴백일홍) 독일붓꽃 왕벚나무 말발돌이 고광나무 라벤더 꽃댕강나무

01_ 전통과 현대의 요소가 접목되어 새로운 모습으로 변화한 한옥정원이다.
02_ 여러해살이 화초는 한 번의 식재로 해마다 꽃을 볼 수 있어서 경제적인 화단 꾸미기에 좋은 재료이다.
03_ 긴 컨테이너를 배치하고 화초를 심어 주차장과 잔디마당 사이의 경계로 삼았다.
04_ 꽃잎을 만지면 부스럭 소리가 나며 종이의 촉감이 나는 종이꽃을 중심에 심었다.
05_ 꽃양귀비, 종이꽃, 톱풀, 플록스 등을 합식하여 화사하게 꾸민 화단이다.

01_ 평난간을 두른 누마루 아래 데크를 깔고 작은 휴식공간을 만들었다.
02_ 숙근초 위주로 아기자기하게 꾸민 측정. 작은 식물 하나하나도 정성을 들여 가꿔가는 건축주의 정성이 담긴 공간이다.

03_ 정향풀, 라벤더, 댕강나무 등이 일제히 피어난 꽃들의 향연에 보는 이의 눈과 마음은 즐겁기만 하다.
04_ 블루세이지가 피어있는 현관 입구.
05_ 작은 면적이지만 최대한 활용하여 잔디밭을 조성하고 꽃과 나무를 심어 개성있게 꾸민 아담한 정원이다.

01_ 장대석계단과 댓돌 주위로 다양한 화분들을 놓아 공간을 장식했다.
02_ 평난간에 덧대어 만든 화분대 위의 화사한 제라늄이 한옥의 표정을 더욱 밝게 만든다.
03_ 도로와 와편담장 밑 틈새 공간에도 다양한 화초를 심어 행인의 눈길은 즐겁게 해준다.

04_ 꽃은 꽃 그 자체만으로도 아름답다. 짜여 있지 않은 자유로운
모습에 더 정감이 가는 정원이다.
05_ 일각문 대문의 차량 출입부. 북한산의 원경과 한옥, 마당의
녹색정원이 한데 어우러져 그림같은 풍경으로 다가온다.

은평 한옥마을 응정헌

손수 디자인하고 꾸민 정원

위 치	서울시 은평구 연서로50길
대 지 면 적	230㎡(70평)
조 경 면 적	141㎡(43평)
조경설계·시공	건축주 직영

건축주는 공간의 안팎을 굳이 구별하지 않는 불이사상을 구현하는 통로로 '마당을 중심으로 소통하는 집'을 꿈꾸었다. 마당은 단순하고 소박한 공간이 서로 어울려 더없이 풍부하고 복합적인 소통의 장으로 발전하는 바탕이 된다. 때로는 넉넉하게 다 품어주기도 하고, 때로는 오밀조밀하게 나누어서 집 전체에 숨길의 완급조절을 한다. 소나무를 비롯해 각종 수목과 화초가 잘 자라고 있는 정원을 바라보며 앉아 있노라면 시간의 흐름마저 잊게 한다. 향긋한 나무 내음, 기분 좋게 스며드는 채광, 팔을 뻗으면 닿을 듯한 정원은 자연을 가꾸며 벗 삼아 지내는 한옥생활의 매력이다. 처음부터 비용을 들여 전문가에게 맡길 수도 있지만, 이곳 정원은 건축주 부부가 직접 디자인 감각을 발휘하고 정성을 쏟아 완성한 정원이다. 굳이 전문가의 손을 빌리거나 비싼 나무로 치장하지 않더라도, 좋은 사례들을 참고하고 발품을 팔면서 노력하면 얼마든지 손수 자신만의 아름다운 정원을 만들 수 있다는 것을 보여준 좋은 사례다. 담장과 기단을 따라가며 화단을 만들고 나머지 공간은 디딤돌과 굵은 마사토로 포장했다. 화단과 마당의 경계선은 조경석과 점경물을 놓아 변화감을 주면서 부드러운 곡선으로 마무리했다. 한옥 담장의 운치에 조형미와 관상 가치가 있는 소나무와 맷돌 미니폭포, 물확, 항아리분 등 다양한 전통의 점경물들을 조화시켜 한옥 뜰의 감성을 솜씨 있게 연출하였다. 어느 방에서나 문을 열면 정원이 한눈에 들어오고 안과 밖은 하나의 공간으로 소통한다. 툇마루에 앉아 정원을 완상하며 여유롭게 마시는 차 한 잔의 즐거움이 크게 느껴지는 현대한옥 마당의 정원이다.

응정헌은 자연의 운행에 역행하지 않는다는 생각으로 친환경적인 건축재료를 주로 사용하여 환경을 보호하고 일조와 통풍의 조화를 이룬 한옥이다.

주요 나무와 야생화 MAJOR TREE & WILD FLOWER

구절초 여름~가을, 9~11월, 흰색 등
9개의 마디가 있고 음력 9월 9일에 채취하면 약효가 가장 좋다는 데서 구절초라는 이름이 생겼다.

국화 봄~가을, 5~10월, 노란색·흰색 등
다년초로 줄기 밑 부분이 목질화하며 잎은 어긋나고 깃꼴로 갈라진다. 매, 죽, 난과 더불어 사군자의 하나다.

남천 여름, 6~7월, 흰색
과실은 구형이며 10월에 붉게 익는다. 단풍과 열매도 일품이어서 관상용으로 많이 심는다.

누운주름잎 봄~여름, 5~8월, 자주색
꽃줄기가 10cm 높이이고 꽃이 진 다음 밑 부분에서 기는 가지가 사방으로 벋어 번식한다.

능소화 여름, 7~9월, 주황색
가지에 흡착 근이 있어 벽에 붙어서 올라가고 깔때기처럼 큼직한 꽃은 가지 끝에 5~15개가 달린다.

라벤더 여름~가을, 6~9월, 보라색·흰색
지중해 연안이 원산지로 잎이 달리지 않은 긴 꽃대 끝에 수상꽃차례로 드문드문 달린다.

바위취 봄, 5월, 흰색
햇빛이 없는 곳에서도 잘 자라며 돌계단, 축대 사이에 심으면 봄에 하얀 꽃을 볼 수 있다.

복분자딸기 봄~여름, 5~6월, 붉은색
열매는 복분자라 하며 7~8월에 붉은색으로 익기 시작하여 딸기처럼 점점 검붉게 된다.

분홍달맞이꽃 여름, 6~7월, 분홍색
달맞이꽃과는 반대로 낮에는 꽃을 피우고 저녁에는 시드는 꽃이다. 낮달맞이꽃이라고도 한다.

삼색조팝나무 여름, 6월, 분홍색
일본 원산으로 줄기는 모여 나고 높이 1m에 달하며 꽃은 새 가지 끝에 우산 모양으로 달린다.

수레국화 여름, 6~7월, 청색 등
유럽 동남부 원산으로 독일의 국화이다. 꽃 전체의 형태는 방사형으로 배열된 관상화이다.

연꽃 여름, 7~8월, 분홍색·흰색
진흙 속에서 자라면서도 청결하고 고귀한 식물로, 여러 나라 사람들에게 친근감을 주는 식물이다.

영춘화 봄, 3~4월, 노란색
봄을 맞이하는 꽃으로 줄기는 사각형이며 가지는 녹색이고 줄기에서 가지가 많이 갈라져 밑으로 처진다.

은쑥 봄~여름, 5~7월, 노란색
일본 원산인 국화과 다년생 식물로 처음에는 녹색을 띠지만 은회색으로 점차 변합니다.

해당화 봄~여름, 5~7월, 분홍색
높이 1~1.5m로 곁가지가 많이 나고 갈색 가시가 빽빽이 나므로 생울타리로 이용해도 좋다.

후르츠세이지 여름~가을, 7~10월, 빨간색·흰색
허브 종류로 온두라스가 원산지이며, 잎사귀에서 후르츠 칵테일 향이 나는 세이지라고 붙여진 이름이다.

조경 도면 LANDSCAPE DRAWING

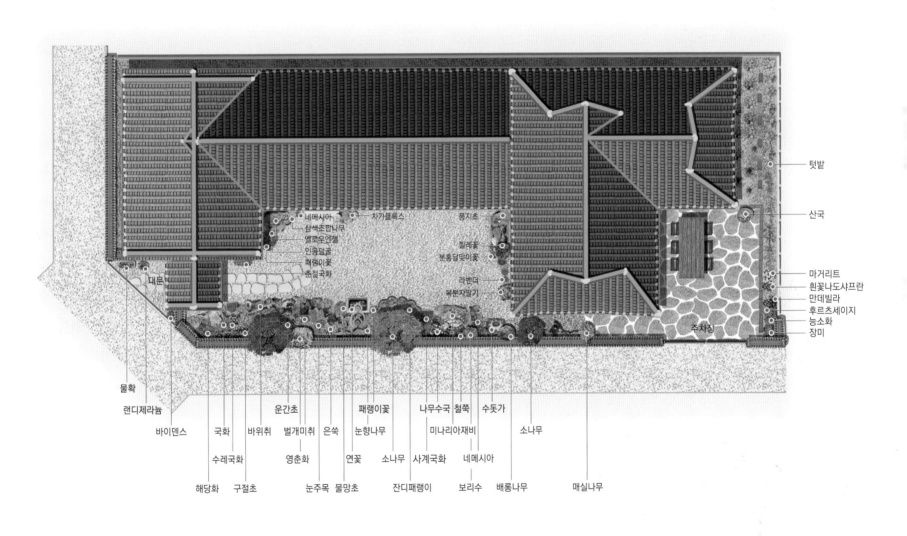

텃밭

산국

마거리트
흰꽃나도샤프란
만데빌라
후르츠세이지
능소화
장미

네메시아
삼색조팝나무
옐로우엔젤
인동덩굴
패랭이꽃
춘절국화

차가플룩스

풍지초

찔레꽃
분홍달맞이꽃

라벤더
복분자딸기

대문

주차장

물확
랜디제라늄
바이덴스
국화
수레국화
해당화　구절초
바위취
운간초
벌개미취
영춘화
눈주목　물망초
은쑥
연꽃
눈향나무
패랭이꽃
소나무
잔디패랭이
나무수국
사계국화
미나리아재비
네메시아
보리수
철쭉
수돗가
배롱나무
소나무
매실나무

01_ 현대한옥의 건축미와 자연미가 서로 조화를 이룬 한옥마당의 단아한 조경이다.
02_ 북한산 경관이 펼쳐지는 북동쪽으로 배치한 2층 한옥이다.

03_ 전통 한옥 담장과 맷돌, 물확, 항아리, 소나무, 야생화, 마사토 마당 등은 한옥 정원의 분위기를 돋우어주는 조경 재료로 많이 쓰인다.
04_ 디자인에서부터 수목의 선택, 완성까지 주인장의 손길로 공들여 아기자기하게 꾸며 놓은 나만의 정원이다.
05_ 수목이 우거진 한옥마을 생태공원의 차경을 위해 수목정원의 묘미를 느낄 수 있는 방향에 누마루 형태의 실을 배치했다.
06_ 맷돌 석조물과 물확으로 이루어진 3단 미니 폭포는 정원의 볼거리와 자연의 생동감을 더해준다.

01_ 건축주의 취향대로 손수 디자인하고 만들어 가꾸는 개성 있는 정원이다.

02_ 댓돌과 계단 사이에 자연석으로 미니화단을 만들고 통나무와 항아리 분을 놓아 아기자기하게 꾸몄다.

03_ 건축주의 부부를 상징하듯 소나무 두 그루가 멋진 자태를 뽐낸다. 담장의 멋과 나지막한 식물들을 고려하여 가지 전지로 소나무 아랫부분의 공간을 살렸다.

04_ 수돗대를 대나무통과 노끈으로 감싸 정감을 살렸다. 작은 것 하나도
정성을 다해 조화를 끌어내려는 주인장의 노력을 엿볼 수 있다.
05_ 전통 재료로 만든 수돗가의 모습이 한옥의 전통 분위기와 조화를 이룬다.
06_ 일각문인 대문을 열면 두 줄로 가지런히 놓인 디딤돌과 말끔하게 정돈된
한옥마당의 속내가 들여다보인다.

01_ 자투리땅 하나도 소홀히 두지 않고 정원 소품과 첨경물로 장식해 아기자기한 공간으로 꾸몄다.

02_ 차량 출입부에는 한옥 분위기와 어울리는 한식 슬라이딩 도어를 설치하였다.

03_ 우리나라의 야생화류는 자연스러움과 아름다움, 역사성 등 오랜 기간 정서적인 편안함이 깃든 꽃으로 한옥과 궁합이 잘 맞는다.

04_ 안으로 더 깊숙이 들어가면 야외테이블이
놓여 있고 텃밭이 있는 뒷마당이다.
05_ 뒷마당은 생태공원을 끼고 낮은 담장으로
경계만 표시하여 자연으로 넓게 확대하였다.

마을의 풍경을 서로 주고받는 한옥 지붕을 배경으로 앞마당을 화사하게
물들인 영산홍과 철쭉이 돋보인다.

김포 명가한옥마을 S씨댁

일상의 행복,
작은 텃밭이 있는 정원

위　　　치	경기도 김포시 대곶면 신안리
대 지 면 적	345㎡(104평)
조 경 면 적	245㎡(74평)
조경설계·시공	건축주 직영

김포 대곶면에 있는 명가한옥마을에는 과거의 대감 집을 연상케 하는 말쑥한 팔작지붕의 현대한옥 20여 채가 조용하고 품격 있는 한옥마을을 이루고 있다. TV에 등장한 뒤로 사람들의 이목을 받고, 세종시의 한옥마을 조성 시 벤치마킹을 할 정도로 높은 수준의 평을 받고 있다. 마을 전체가 언덕에 형성되어 뛰어난 조망감과 함께 자연풍광을 누리기엔 그만이다. 한옥 사랑이 지극한 S씨댁은 이 마을 한가운데 두 면을 도로에 접해 지은 ㄱ자형의 팔작지붕 한옥이다. 노부부가 손수 꾸민 정원은 여느 주택의 정원과 크게 다르지 않으나, 측정에 텃밭과 가마솥 부뚜막, 장독대, 야외테이블 등을 비교적 넉넉하게 배치하여 정감 있는 한옥생활의 면모를 보인다. 다년생 들꽃을 중심으로 구석구석 정성 들여 가꾼 수국, 국화, 나팔꽃, 맨드라미, 백일홍, 장미, 제비꽃, 채송화, 할미꽃 등 수 많은 종류의 꽃들이 사계절 내내 피고 지며 알록달록 정원을 아름답게 채색한다. 감나무, 사과나무, 매실나무 등 과실수와 소나무, 단풍나무, 반송, 주목 등 교목 식재로 공간의 균형미를 살렸다. 3평 남짓한 텃밭에서 봄에는 마늘을 키우고, 이어 상추와 시금치, 가지와 오이 등을 키운다. 방울토마토가 익어갈 무렵이면 배추를 심고 열무를 솎아내고 부추를 잘라 먹으며 소소한 일상의 재미를 누리니 동네에서 텃밭을 가장 잘 가꾸기로 소문나 주변의 부러움도 산다. 비교적 아담한 한옥이지만 대감 집 못지않은 위용과 바다가 보이는 탁 트인 조망감, 이웃들과 함께 나누는 소소한 즐거움과 정이 흐르는 이곳 정원은 노부부의 심신을 가장 평안하고 건강하게 해주는 소중한 삶의 공간이다.

주요 나무와 야생화 MAJOR TREE & WILD FLOWER

공작단풍/세열단풍 봄, 5월, 붉은색
잎이 7~11개로 갈라지고 갈라진 조각이 다시 갈라지며 잎은 가을에 붉은 빛깔로 물든다.

꽃잔디 봄~여름, 4~9월, 진분홍·보라·흰색
멀리서 보면 잔디 같지만, 아름다운 꽃이 피기 때문에 '꽃잔디'라고도 하며, '지면패랭이꽃'이라고도 한다.

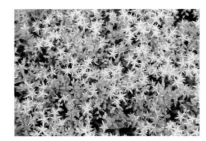

돌나물 봄~여름, 5~7월, 노란색
줄기는 옆으로 뻗으며 각 마디에서 뿌리가 나온다. 어린 줄기와 잎은 식용한다.

매실나무 봄, 2~4월, 흰색 등
꽃은 잎보다 먼저 피고 연한 붉은색을 띤 흰빛이며 향기가 나고, 열매는 공 모양의 녹색이다.

메리골드 봄~가을, 5~10월, 노란색 등
멕시코 원산으로 줄기는 높이 15~90cm이고 초여름부터 서리 내리기 전까지 긴 기간 꽃이 핀다.

배롱나무/백일홍/간지럼나무 여름, 7~9월, 붉은색 등
100일 동안 꽃이 피어 '백일홍' 또는 나무껍질을 손으로 긁으면 잎이 움직인다고 하여 '간지럼나무'라고도 한다.

보리수나무 봄, 5~6월, 흰색
꽃은 처음에는 흰색이다가 연한 노란색으로 변하며 1~7개가 산형(傘形)꽃차례로 달린다.

살구나무 봄, 4월, 붉은색
꽃은 지난해 가지에 달리고 열매는 지름이 3cm로 털이 많고 황색 또는 황적색으로 익는다.

소나무 봄, 5월, 노란색·자주색
항상 푸른 솔의 나무로 바늘잎은 2개씩 뭉쳐나고 2년이 지나면 밑 부분의 바늘잎이 떨어진다.

아로니아 봄, 4~5월, 흰색
장미과의 낙엽관목으로 높이는 2.5~3m이고 열매는 8월에 검게 익는데 열매는 식용하거나 관상용으로 재배한다.

작약 봄~여름, 5~6월, 분홍색 등
줄기는 여러 개가 한 포기에서 나와 곧게 서고 꽃은 지름 10cm로 아름다워 원예용으로 심는다.

제라늄 봄~가을, 4~10월, 적색·흰색 등
원산지는 남아프리카이고, 다년초로 약 2000여 변종이 있으며, 꽃은 색과 모양이 일정하지 않게 핀다.

주목 봄, 4월, 노란색·녹색
열매는 8~9월에 적색으로 익으며, 컵 모양으로 열매 살의 가운데가 비어 있고 안에 종자가 있다.

철쭉 봄, 4~5월, 분홍색 등
진달래와 달리 철쭉은 독성이 있어 먹을 수 없는 '개꽃'으로 영산홍, 자산홍, 백철쭉이 있다.

화살나무 봄, 5월, 녹색
많은 줄기에 많은 가지가 갈라지고 가지에는 화살의 날개 모양을 띤 코르크질이 2~4줄이 생겨난다.

황매화 봄, 4~5월, 노란색
높이 2m 내외로 가지가 갈라지고 털이 없으며 꽃은 잎과 같이 잔가지 끝마다 노란색 꽃이 핀다.

조경 도면 LANDSCAPE DRAWING

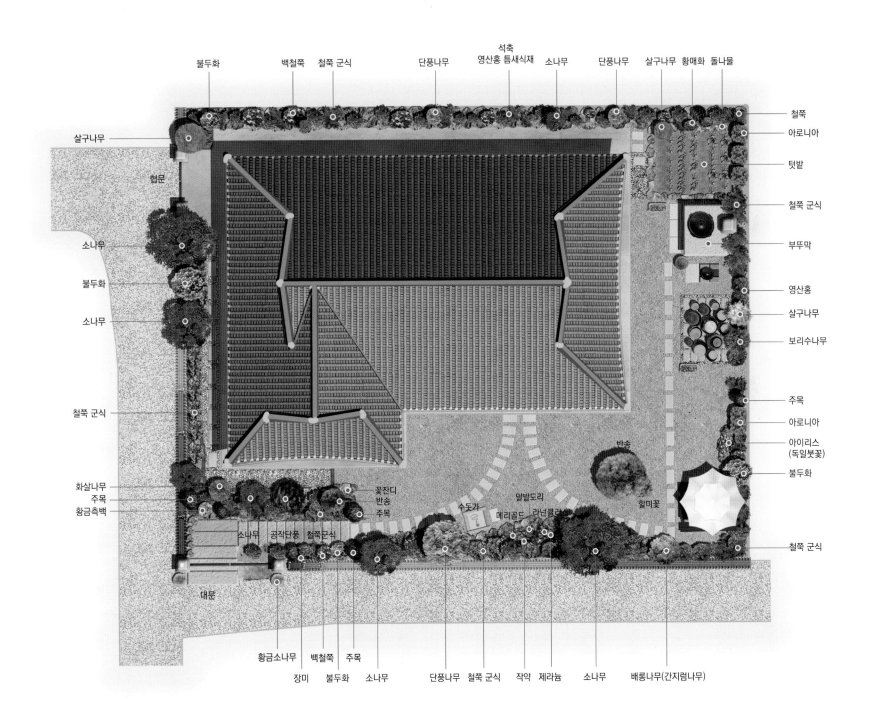

불두화
백철쭉
철쭉 군식
단풍나무
석축
영산홍 틈새식재
소나무
단풍나무
살구나무
황매화
돌나물

살구나무

철쭉
아로니아
텃밭
철쭉 군식
부뚜막
영산홍
살구나무
보리수나무
주목
아로니아
아이리스
(독일붓꽃)
불두화
철쭉 군식

협문
소나무
불두화
소나무
철쭉 군식
화살나무
주목
황금측백

반송
할미꽃

꽃잔디
반송
주목
수돗가
맏발도리
메리골드 라넌큘러스

소나무
공작단풍
철쭉군식

대문

황금소나무
장미
백철쭉
불두화
주목
소나무
단풍나무
철쭉 군식
작약
제라늄
소나무
배롱나무(간지럼나무)

01_ 지형에 맞춘 계단식 전벽돌 담장과 자연석 석축을 쌓고, 영산홍과 나지막한 수목을 메지식재하여 조화를 이룬 조경이다.

02_ ㄱ자형 팔작지붕 한옥의 쪽마루는 앉아서 밖의 시원스러운 풍광을 감상할 수 있는 휴식공간이다.

03_ 화단에 영산홍과 철쭉을 빼곡히 군식하여 개화기가 되면 한옥은 화려한 꽃들의 축제마당이 된다.

04_ 자연석 디딤돌과 화단 경계석 등, 개성을 발휘해 직접 디자인하고 만든 아담한 정원은 건축주의 행복한 에너지 충전소다.

05_ 정성 들여 가꾼 정원과 이웃 한옥 지붕들이 모여 하모니를 이룬 아름다운 풍경이다.

06_ 대문에서 안마당까지 놓은 화강석 장대석 계단이다.

01_ 주목, 눈향나무, 소나무, 반송, 단풍나무, 철쭉 등이 어우러진 싱그러운 정원의 모습.

02_ 처마 밑은 쇄석으로 포장하여 낙숫물의 의한 흙 튀김 현상을 방지했다.

03_ 협문으로 이어지는 동선에 만개한 철쭉이 이웃 한옥과 서로 풍경을 이룬다.

04_ 협문이 있는 왼쪽 측정의 겹처마 밑 반침 사이에 겨울용 장작을 보기 좋게 차곡차곡 쌓아 보관한다.

05_ 오른쪽 측정에는 텃밭과 가마솥 부뚜막, 장독대, 야외용 테이블 등을 배치하여 일상의 소일거리와 휴게 공간으로 꾸몄다.

06_ 토속미가 있는 가마솥 부뚜막이나 장독대는 한옥 정원에서 하나의 점경물로 자주 등장하는 요소이다. 장독대 뒤로 매실나무와 보리수나무를 심었다.

01_ 조촐한 두 식구에게는 충분한 공간의 텃밭이다. 노부부는 철 따라 각종 야채를 키워 나누며 이웃과 정을 쌓아간다.

02_ 씨를 뿌리거나 모종을 심는 텃밭의 이랑은 햇빛이 잘 들게 하고, 두둑은 15~20cm 높이로 만들어야 토양온도와 배수가 좋고 뿌리에 산소 공급이 잘 이루어진다.

03_ 철쭉을 비롯하여 작약, 메리골드, 라넌큘러스, 제라늄, 마거리트, 꽃잔디 등 각종 꽃이 절정을 이룬 화단.
04_ 이웃과 면한 경사지에 석축을 쌓고 영산홍으로 메지식재하여 뒤뜰의 경관을 살렸다.
05_ 한옥 담장과 장대석계단, 디딤돌과 장독대 등 정원의 구성요소들이 조화를 이룬 양지바른 주정의 모습.

아름다운 정원을 꾸미기 위해 개인의 취향에 맞는
다양한 정원용 소품들을 적극적으로 활용하였다

07 | 310㎡ / 94 py

김포 명가한옥마을 K씨댁
사모정자와 다양한
오브제 정원

위　　　치	경기도 김포시 대곶면 신안리
대 지 면 적	419㎡(127평)
조 경 면 적	310㎡(94평)
조경설계·시공	건축주 직영

현대의 한옥조경은 자연이 있는 곳에 정원을 들이고 끌어안음으로써 자연에 순응하려 했던 자연주의식 전통 조경과는 다른 모습을 가까이서 쉽게 찾아볼 수 있다. 시대에 따라 한옥이 변화해오면서 자연스럽게 조경에 대한 개념도 함께 변화하여 오늘날 한옥과 일반주택 조경의 경계가 모호해지고 있다. 건축 여건상 현대한옥조경에 전통방식을 그대로 적용할 수는 없다 할지라도, 분위기만큼은 한옥과의 조화를 위해 수목이나 초화류뿐만 아니라 석조 점경물, 전통 오브제 등을 통해 한옥조경의 멋을 끌어내려 노력한다. 그러나 다른 한편, 한옥이란 요소를 제외하면 현대주택의 조경과 크게 구분하지 않고 자신만의 개성을 담아 정원을 가꾸고 그 정원에서 얻는 위로감, 그 자체만으로도 즐거움을 찾는 이들도 많다. K씨댁 정원의 경우 한옥과 조화로운 분위기 조성을 위해 몇 번의 시도를 반복했다. 처음에 서양식으로 지었던 정자는 다소 어색한 느낌이 들어 허물고 한식정자로 다시 지었다. 정자 옆에는 연못을 만들어 물레방아를 설치하고 비단잉어와 붕어를 번갈아 길러 봤으나, 얕은 수심으로 고양이가 훼방을 놓아 이내 실패하고 말았다. 시행착오 끝에 물고기를 포기하고 연못 주변에 다양한 석조물과 오브제, 인형 소품들을 배치하여 시각적인 볼거리로 장식했다. 탱자나무로 생울타리를 만들고 조경수와 과실수, 화목(花木)류를 고루 배식하여 어디서든 사철 지지 않는 꽃을 감상할 수 있는 정원, 아기자기한 오브제로 둘러싸여 사면이 활짝 열린 사모정자의 편안한 쉼터, 몇 번의 실패 끝에 완성한 나만의 휴식처, 나만의 아름다운 정원이다.

주요 나무와 야생화 MAJOR TREE & WILD FLOWER

고려담쟁이 여름, 6~8월, 황록색
잎이 5개의 손꼴겹잎이지만 소엽이 날씬하고 잎자루가
길며 늦가을에 붉은 진홍색의 단풍이 든다.

꽃잔디 봄~여름, 4~9월, 진분홍·보라·흰색
멀리서 보면 잔디 같지만, 아름다운 꽃이 피기 때문에
'꽃잔디'라고도 하며, '지면패랭이꽃'이라고도 한다.

눈향나무 봄, 4~5월, 노란색
원줄기가 비스듬히 서거나 땅을 기며 퍼진다. 향나무와
비슷하나 옆으로 자라 가지가 꾸불꾸불하다.

단풍나무 봄, 5월, 붉은색
10m 정도의 높이로 껍질은 옅은 회갈색이고 잎은 마주
나고 손바닥 모양으로 5~7개로 깊게 갈라진다.

돌단풍 봄, 4~5월, 흰색
잎의 모양이 5~7개로 깊게 갈라진 단풍잎과 비슷하고
바위틈에서 자라 '돌단풍'이라고 한다.

매발톱꽃 봄, 4~7월, 보라색·흰색 등
꽃이 하늘색인 하늘매발톱, 연한 황색인 노랑매발톱, 흰
색인 흰하늘매발톱, 적갈색 매발톱꽃도 있다.

메리골드 봄~가을, 5~10월, 노란색 등
멕시코 원산이며 줄기는 높이 15~90cm이고 초여름부
터 서리 내리기 전까지 긴 기간 꽃이 핀다.

박태기나무 봄, 4월, 분홍색
잎보다 분홍색의 꽃이 먼저 피며 꽃봉오리 모양이 밥풀
과 닮아 '밥티기'란 말에서 유래 되었다.

분홍바늘꽃 여름, 7~8월, 분홍색
뿌리줄기가 옆으로 벋으면서 퍼져 나가 무리 지어 자라
고 줄기는 1.5m 높이로 곧게 선다.

불두화 여름, 5~6월, 연초록색·흰색
꽃의 모양이 부처의 머리처럼 곱슬곱슬하고 4월 초파일
을 전후해 꽃이 만발하므로 불두화라고 부른다.

비비추 여름, 7~8월, 보라색
꽃은 한쪽으로 치우쳐서 총상으로 달리며 화관은 끝이 6
개로 갈래 조각이 약간 뒤로 젖혀진다.

샤스타데이지 여름, 6~7월, 흰색
국화과의 다년생 초본식물로 품종에 따라 봄에서 가을까
지 선명한 노란색과 흰색의 조화가 매력적인 꽃이 핀다.

작약 봄~여름, 5~6월, 분홍색·흰색 등
높이 60cm 정도이고 꽃은 지름 10cm 정도로 1개가 피
는데 크고 탐스러워 '함박꽃'이라고도 한다.

장미 봄, 5~9월, 붉은색 등
장미는 지금까지 약 2만 5,000종이 개발되었고 품종에
따라 형태, 모양, 색이 매우 다양하다.

팬지 봄, 2~5월, 노란색·자주색 등
2년초로 유럽에서 관상용으로 들여와 전국 각지에서 관
상초로 심고 있는 귀화식물이다.

한련화 여름, 6~8월, 노란색 등
유럽에서는 승전화(勝戰花)라고 하며 덩굴성으로 깔때
기 모양의 꽃과 방패 모양의 잎이 아름답다.

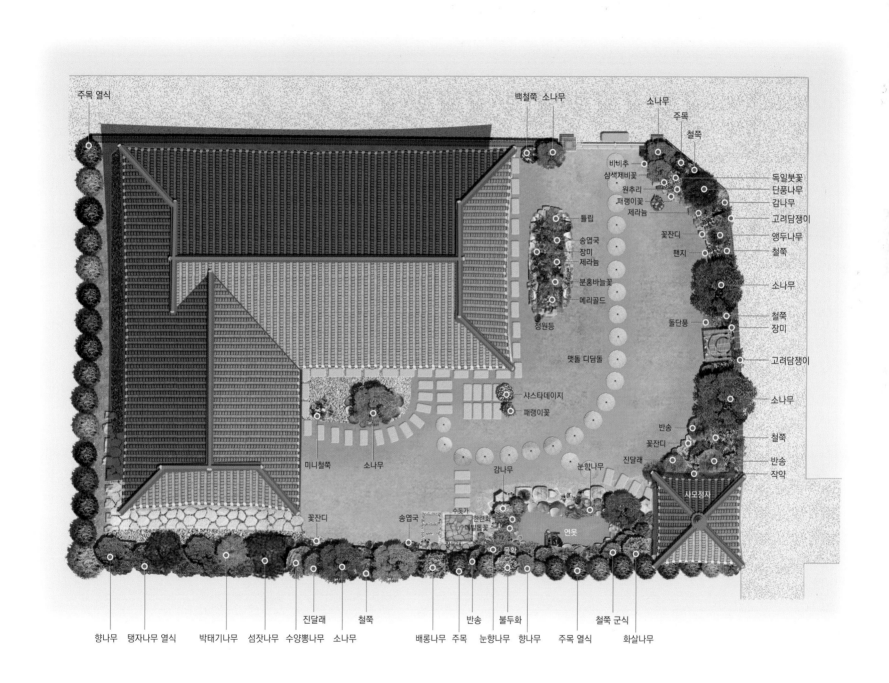

주목 열식

백철쭉 소나무

소나무
주목
철쭉

비비추
삼색제비꽃
원추리
패랭이꽃
제라늄

독일붓꽃
단풍나무
감나무
고려담쟁이
앵두나무
철쭉

튤립
송엽국
장미
제라늄

꽃잔디
팬지

분홍바늘꽃
메리골드

소나무

정원등

돌단풍

철쭉
장미

맷돌 디딤돌

고려담쟁이

샤스타데이지
패랭이꽃

소나무

미니철쭉   소나무

감나무

눈향나무

진달래

반송
꽃잔디

철쭉
반송
작약

꽃잔디

송엽국

수돗가
한련화
매발톱꽃
정등대
물확

연못

사모정자

향나무 탱자나무 열식   박태기나무 섬잣나무 수양뽕나무 소나무   배롱나무 주목 눈향나무 향나무   주목 열식   화살나무

진달래   철쭉   반송   불두화   철쭉 군식

01_ 주정원 곳곳에 이동의 편리성을 위한 다양한 형태의 디딤돌과 판석을 놓아 변화를 주었다.
02_ 사모정자에서 바라본 여유롭고 한가로운 안마당과 누마루의 전경.
03_ 정자 앞에 미니 연못을 만들고 철쭉, 매발톱꽃, 한련화, 옥잠화 등 꽃과 소품으로 주변을 아기자기하게 꾸몄다.

04_ 처마 끝에 풍경 대신 등을 달았다. 이웃의 지붕이 겹처마와 조화를
이루며 고풍스러운 마당 풍경의 배경을 이룬다.
05_ 조망감이 좋은 본채 끝에 계자난간을 두른 누마루에 한식 창살
유리창호를 설치해 안팎의 시야를 넓혔다.
06_ 낙숫물이 모이는 회첨 아래에 미니 화단을 조성하고 자갈 포장을
했다. 우천 시 흙 튀김 방지와 조경 효과를 동시에 고려한 아이디어다.

01_ 한식정자와 전벽돌로 만든 아궁이와 굴뚝이 한옥 정원의 분위기를 더욱 고조시킨다.
02_ 건축미가 돋보이는 정원의 포인트인 사모정자, 주변의 조경, 자연경관과 일체감을 이루며 고즈넉한 분위기를 자아낸다.
03_ 정자에서 시원스럽게 내려다보는 주변의 아름다운 경관은 이곳이 한옥마을임을 실감케 한다.

04_ 다양한 석조물과 오브제, 인형소품들로 장식한 연못 주변은 볼거리와 이야깃거리가 이어지는 공간이다.

05_ 정자 옆에 있는 작은 연못, 물고기를 기르는 대신 다양한 오브제 공간으로 연출했다.

06_ 연못 주변을 꾸미고 있는 다양한 식물류, 석조 점경물과 소품 디테일.

01_ 전통과 현대 문화가 혼재되어 이웃과 대조를 보이는 대문 전경. 취향에 따라 끊임없이 새로운 시도가 이루어지고 있는 한옥 정원의 일면을 엿볼 수 있다.

02_ 언덕 지형에 따라 한식 담장과 수목으로 짜임새 있게 이루어진 한옥마을의 배경이 화단의 수목과 조화를 이루며 풍경을 만든다.

03_ 이웃 한옥 지붕의 건축미가 더해져 마당의 시각적 조경 효과는 배가 되었다.

04_ 측정의 화사한 미니 화단은 대문에서 바라보이는 정원의 첫인상을 위한 포인트 연출이다.

05_ 목재로 보기 좋게 마감한 옹벽의 고려담쟁이. 사모정자의 멋도 살리고 외부의 시선에도 세심하게 신경을 썼다.

한옥마을 중심부에 들어선 ㄷ자 형태의 팔작지붕 한옥으로
사방이 시원스럽게 토여있어 조망감이 매우 뛰어나다.

08 | 435 m² / 132 py

김포 명가한옥마을 G씨댁

연못을 포인트로 한
힐링 정원

위　　치	경기도 김포시 대곶면 신안리
대 지 면 적	563㎡(170평)
조 경 면 적	435㎡(132평)
조경설계·시공	건축주 직영

김포 명가한옥마을 단지가 있는 신안리 일대는 경기도가 친환경생태 전원마을로 지정한 곳이다. 100~200여 평 규모의 대지에 한옥을 짓고 사는 주민들은 마을의 분위기에 부응하듯 세대마다 마당에 정원과 텃밭을 두고 한옥과 전원생활이라는 두 가지 꿈을 실현하며 살아가고 있다. G씨댁도 평소 한옥을 좋아하고 건강에도 유익한 집이라는 인식을 해왔던 터라 망설임이 없었다. 계단식으로 이루어진 마을에서도 유난히 탁 트인 푸른 하늘과 바닷가 조망의 이점을 안고, 비교적 큰 규모의 팔작지붕으로 별장형 한옥을 짓고 정원을 조성했다. 조경 콘셉트는 조망을 거슬리지 않고 가능한 한 자연 지형을 잘 활용하면서 연못에 주안점을 두고자했다. 대문 입구에서부터 경사진 지형을 자연석 석축으로 보강하여 측백나무, 회양목, 영산홍 등으로 메지식재하고, 장대석계단을 마당까지 자연스럽게 연결하였다. 계단 끝 양쪽에는 한옥에 잘 어울리는 노송과 고목 향나무를 요점식재하여 대문 입구에서부터 정원의 운치를 드리웠다. 집안의 전망대 역할을 하는 누마루 아래에 만든 자연석 연못은 눈에 거슬리지 않는 위치에 적당한 크기로 비대칭 형태를 취했다. 연못에 물레방아를 설치하고 사시사철 잉어가 살 수 있는 깨끗한 환경을 유지하는 등 연못에 각별히 공을 들인다. 외국에서 일하는 주인장은 머리가 복잡할 땐 이곳 한옥 별장을 찾아 휴식을 취한다. 물레방아가 물을 뿜고 잉어들이 한가로이 노니는 연못과 탁 트인 조망을 즐기면서 정원 이곳저곳을 돌보다 보면 어느새 힐링이 되어 마음의 여유를 되찾곤 한다.

주요 나무와 야생화 MAJOR TREE & WILD FLOWER

개나리 봄, 4월, 노란색
노란색의 개나리가 피기 시작하면 봄이 옴을 느끼게 된다. 정원용, 울타리용으로 많이 심는다.

눈향나무 봄, 4~5월, 노란색
원줄기가 비스듬히 서거나 땅을 기며 퍼진다. 향나무와 비슷하나 옆으로 자라 가지가 꾸불꾸불하다.

단풍나무 봄, 5월, 붉은색
10m 정도의 높이로 껍질은 옅은 회갈색이고 잎은 마주나고 손바닥 모양으로 5~7개로 깊게 갈라진다.

담쟁이덩굴 여름, 6~7월, 녹색
덩굴손은 끝에 둥근 흡착근(吸着根)이 있어 돌담이나 바위 또는 나무줄기에 붙어서 자란다.

백철쭉 봄, 4~5월, 흰색 등
진달래와 달리, 철쭉은 독성이 있어 먹을 수 없는 '개꽃'으로 영산홍, 자산홍, 백철쭉이 있다.

뽕나무 여름, 6월, 노란색
오디는 소화 기능과 대변의 배설을 순조롭게 한다. 먹고 나면 방귀가 뽕뽕 나온다하여 뽕나무라고 한다.

사철나무 여름, 6~7월, 연한 황록색
겨우살이나무, 동청목(冬靑木)이라고 한다. 추위에 강하고 사계절 푸르러 생울타리로 심는다.

서양민들레 봄~여름, 3~9월, 노란색
다년초로 잎은 뿌리에서 뭉쳐나고 꽃은 잎이 없는 꽃대 끝에 2~5cm의 두상화 1개가 달린다.

섬잣나무 봄, 5~6월, 노란색·연녹색
잎은 길이가 3.5~6cm인 침형(針形)으로 5개씩 모여 달려 오엽송(五葉松)이라고도 부른다.

소나무 봄, 5월, 노란색·자주색
항상 푸른 솔의 나무로 바늘잎은 2개씩 뭉쳐나고 2년이 지나면 밑 부분의 바늘잎이 떨어진다.

에메랄드그린 봄, 4~5월, 연녹색
침엽상록 교목으로 서양측백나무의 일종. 에메랄드골드와는 달리 잎은 늘 푸른 녹색을 띤다.

장미 봄, 5~9월, 붉은색 등
장미는 지금까지 약 2만 5,000종이 개발되었고 품종에 따라 형태, 모양, 색이 매우 다양하다.

주목 봄, 4월, 노란색·녹색
'붉은 나무'라는 뜻의 주목(朱木)은 나무의 속이 붉은색을 띠고 있어 붙여진 이름이다.

탱자나무 봄, 5월, 흰색
열매는 둥글고 지름 3cm로 향기가 좋으나 먹을 수 없다. 길이 3~5㎝ 정도의 굳센 가시가 어긋나기 한다.

화살나무 봄, 5월, 녹색
많은 줄기에 많은 가지가 갈라지고 가지에는 화살의 날개 모양을 띤 코르크질이 2~4줄이 생겨난다.

회양목 봄, 4~5월, 노란색
높이는 5m로 석회암 지대가 발달한 강원도 회양(淮陽)에서 많이 자랐기 때문에 회양목이라고 한다.

조경 도면 LANDSCAPE DRAWING

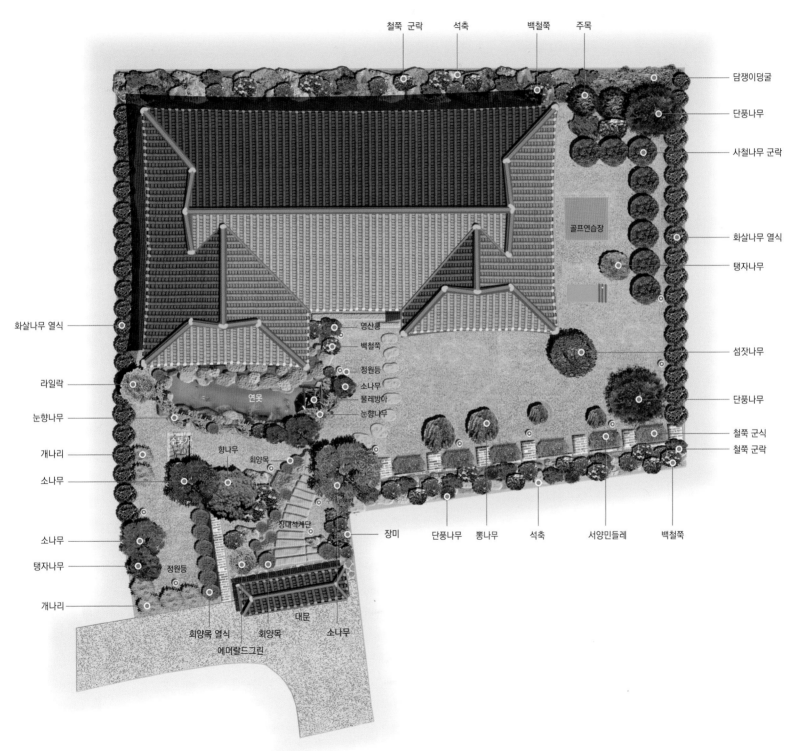

철쭉 군락 석축 백철쭉 주목

담쟁이덩굴

단풍나무

사철나무 군락

골프연습장

화살나무 열식

탱자나무

영산홍
백철쭉
정원등
소나무
물레방아
눈향나무

섬잣나무

단풍나무

철쭉 군식
철쭉 군락

화살나무 열식

라일락

눈향나무

연못

개나리

수돗가

소나무

향나무

회양목

소나무

탱자나무

정원등

장대석계단

장미

단풍나무 뽕나무 석축 서양민들레 백철쭉

개나리

회양목 열식 회양목 대문 소나무
에머랄드그린

01_ 누마루를 중심으로 조성한 주정원과 연못, 싱그러운 녹색정원과 누마루의 조화가 아름다운 정원이다.

02_ 대문에서 마당으로 이어지는 경사지 계단 끝에 노송과 고목 향나무를 심어 한옥의 운치를 더했다.

03_ 건축주의 생활방식을 고려하여 정원에는 초화류보다는 철쭉, 영산홍, 조팝나무, 장미 등 손이 덜 가는 화목류로 정원을 채색했다.

04_ 겹처마에 계자난간 누마루가 있는 한옥과 조화를 이루는 작은 규모의 연못을 정원의 포인트로 연출했다.

05_ 조망감을 잃지 않도록 교목은 최소화하고 담장과 관목은 높이를 낮추어 시야를 넓게 확보했다.

01_ 가장 공을 많이 들인 누마루 아래의 연못은 건축주의 자랑이다. 외국에 나가 있는 동안에는 CCTV를 통해 연못을 관찰하고 관리할 만큼 연못에 대한 애정이 크다.
02_ 주인장의 정성스러운 관리 덕에 연못의 비단잉어들이 한가로이 떼 지어 노니며 정원에 생기를 불어넣어 준다.
03_ 거실 앞으로 쪽마루를 연결하여 자유롭게 출입하며 연못과 정원 풍경을 즐길 수 있다.

04_ 물레방아는 한옥에 잘 어울리는 점경물 중 하나다. 쉼 없이 돌아가는 물레방아의 역동감은 정원의 볼거리와 감상미를 높여준다.
05_ 건축주의 각별한 관리로 생태연못 환경이 깨끗하게 잘 유지되고 있다.
06_ 물레방아를 돌려 연못에 생동감을 더했다.
07_ 한옥마을의 경관과 마당의 녹색공간이 잘 어우러진 고즈넉한 정원 풍경이다.

01_ 대문에서 현관까지 길게 이어진 부드러운 곡선의 장대석계단과 판석.
02_ 대문 입구부터 시작된 경사지를 잘 살려 보강한 석축과 메지식물로 연출한 작은 암석원으로 색다른 공간미를 부여했다.
03_ 좌우 측정 주변에 수고가 낮은 화살나무 생울타리로 싱그러움을 더했다.

04_ 옆집과 경계를 이룬 밋밋한 담에 화살나무를 열식하여 차폐 효과를 냈다.
05_ 대문에 들어서면 고풍스러운 팔작지붕의 겹처마에 한옥과 노송이 한데 어우러진 운치 있는 풍경이 시선을 끈다.

조망과 다목적 이용을 위해 사랑채에 면해 넓은 잔디밭을 중심에 놓고 조성한 주정원이다.

09
2,268 ㎡
687 py

종로 김성수옛집

역사의 발자취가 담겨있는 전통조경

위 치 서울시 종로구 계동 132번지
대 지 면 적 2,775.6㎡(841평)
조 경 면 적 2,268.2㎡(687평)
조경설계·시공 건축주 직영

골목길마다 밀집된 전통한옥들이 잘 보존된 북촌마을은 서울 600년 역사 도시의 풍경을 단적으로 보여주는 곳이다. 이곳 계동 한복판에 근대역사가 살아 숨 쉬고 있는 김성수옛집에는 전통한옥과 조경이 잘 보존되어 있어 찾아오는 방문객들에게 문화의 향기를 전한다. 한옥채를 중심으로 주변에 조성한 조경은 자연지형을 그대로 끌어안아 자연에 순응하고자 했던 전통조경의 특징을 잘 보여 준다. 공간배치에 있어서도 대체로 순천주의(順天主義)적 자연관을 따라 되도록 자연의 형태를 크게 변형하지 않으면서 자연과 유사한 비정형적인 곡선 형태를 띠고 있어 더 자연스럽다. 입구부터 시선을 받는 자연석 미니폭포와 길게 형성된 계류는 대지의 외각을 따라 주정원까지 하나로 연결된다. 중앙의 잔디마당, 육모정자와 연못, 다양한 점경물(點景物)로 절정을 보이는 주정원에서 전통조경 사상을 엿볼 수 있다. 음양오행(陰陽五行) 사상 중 하나로 나타나는 음(陰)의 연못과 양(陽)의 정자, 천원지방(天圓地方) 사상을 바탕으로 드러낸 연못 중앙의 원도(圓島)는 하늘은 둥글고 땅은 모나다는 우주관을 나타내는 것인데, 이 곳의 연못을 둥근 모양으로 변형한 점은 조경의 전체적인 조화를 위해 선택한 것으로 보인다. 식재는 사철 푸르름을 유지하며 세월이 가도 관상 가치를 더해가는 소나무, 향나무, 측백나무, 사철나무, 주목 등 상록수를 중심으로, 감나무, 철쭉, 매화나무, 은행나무 등을 혼식하여 계절 따라 피고 지는 꽃과 낙엽으로 정원은 늘 푸른 생동감이 돈다. 역사의 발자취와 문화의 향기, 한옥의 전통미를 동시에 감상할 수 있는 아름다운 정원이다.

주요 나무와 야생화 MAJOR TREE & WILD FLOWER

감나무 봄, 5~6월, 노란색
경기도 이남에서 과수로 널리 심으며 수피는 회흑갈색이
고 열매는 10월에 주황색으로 익는다.

겹철쭉 봄, 4~5월, 연홍자색 등
진달랫과의 낙엽 관목으로 겹꽃이 피고 꽃잎 안쪽에 진
홍색 반점이 있으며 꽃은 5~6cm이다.

눈주목 봄, 4월, 갈색·녹색
나비가 높이의 2배 정도로 퍼지고 둥근 컵처럼 생긴 붉
은빛 가종피(假種皮) 안에 종자가 들어 있다.

능소화 여름, 7~9월, 주황색
옛날에는 능소화를 양반집 마당에만 심을 수 있었다 하
여 '양반꽃'이라고 부르기도 한다.

단풍나무 봄, 5월, 붉은색
10m 정도의 높이로 껍질은 옅은 회갈색이고 잎은 마주
나고 손바닥 모양으로 5~7개로 깊게 갈라진다.

담쟁이덩굴 여름, 6~7월, 녹색
덩굴손은 끝에 둥근 흡착근(吸着根)이 있어 돌담이나 바
위 또는 나무줄기에 붙어서 자란다.

돌단풍 봄, 4~5월, 흰색
잎의 모양이 5~7개로 깊게 갈라진 단풍잎과 비슷하고
바위틈에서 자라 '돌단풍'이라고 한다.

매화나무 봄, 2~4월, 흰색
잎보다 먼저 피는 꽃이 매화이고 열매는 식용으로 많이
쓰는 매실이다. 상용 또는 과수로 심는다.

맥문동 여름, 6~8월, 자주색
꽃이 아름다운 지피류로 그늘진 음지에서 잘 자라 최근
에 하부식재로 많이 심는다.

메타세쿼이아 봄, 3월, 노란색
살아 있는 화석식물로 원뿔 모양으로 곧고 아름다워서
가로수나 풍치수로 널리 심는다.

백송 봄, 5월, 황갈색
수피가 큰 비늘처럼 벗겨져서 밋밋하고 흰빛이 돌므로
백송(白松), 백골송(白骨松)이라고 한다.

사철나무 여름, 6~7월, 연한 황록색
겨우살이나무, 동청목(冬靑木)이라고 한다. 추위에 강하
고 사계절 푸르러 생울타리로 심는다.

소나무 봄, 5월, 노란색·자주색
항상 푸른 솔의 나무로 바늘잎은 2개씩 뭉쳐나고 2년이
지나면 밑 부분의 바늘잎이 떨어진다.

은행나무 봄, 4~5월, 녹색
열매가 살구와 비슷하다고 하여 살구 행(杏)자와 중과피
가 희다 하여 은(銀)자를 합한 이름이다.

주목 봄, 4월, 노란색·녹색
열매는 8~9월에 적색으로 익으며 컵 모양으로 열매 살
의 가운데가 비어 있고 안에 종자가 있다.

향나무 봄, 4월, 노란색
높이 20m로 7~8년생부터 부드러운 비늘잎이지만, 새
싹은 잎사귀에 날카로운 바늘잎이 달린다.

조경 도면 LANDSCAPE DRAWING

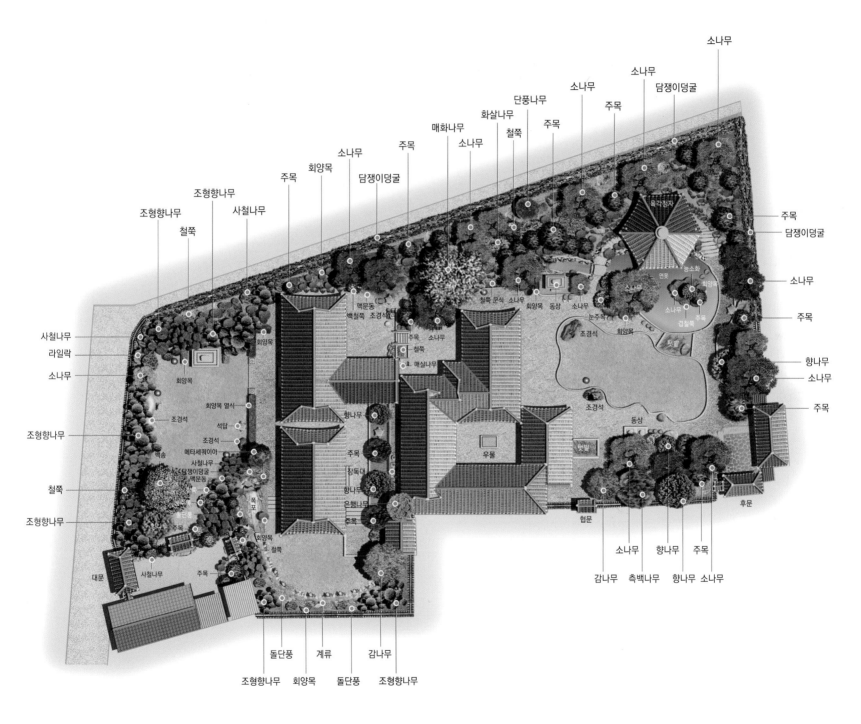

소나무
소나무
소나무
담쟁이덩굴
단풍나무
소나무
주목
화살나무
주목
철쭉
매화나무
주목
소나무
주목
담쟁이덩굴
소나무
소나무
주목
회양목
주목
담쟁이덩굴
주목
조형향나무
사철나무
조형향나무
철쭉
옥각정자
주목
담쟁이덩굴
사철나무
소나무
회양목
소나무
능소화
연꽃
퇴양목
소나무
사철나무
회양목
맥문동
철쭉 군식
회양목
동상
소나무
소나무
라일락
백철쭉 조경석
주목
소나무
소나무
눈주목
주목
소나무
소나무
조경석
회양목
감철쭉
회양목 열식
회양목
철쭉
턱발
주목
조형향나무
조경석
매실나무
향나무
조경석
향나무
석탑
동상
소나무
조경석
메타세쿼이아
주목
턱발
주목
백송
사철나무
장독대
우물
철쭉
담쟁이덩굴
향나무
맥문동
은행나무
조형향나무
주목
조형향나무
회양목
협문
후문
대문
사철나무
주목
철쭉
소나무
소나무
향나무
주목
돌단풍
계류
감나무
감나무
측백나무
향나무
소나무
조형향나무
회양목
돌단풍
조형향나무

01

01_ 전통한옥에서 마당은 건물 내의 환경을 자연스럽게 조절하고, 협소한 건물 안의 공간을 바깥으로 연장하는 수단으로 활용되었다.
02_ 부드러운 곡선으로 율동감 있게 조성한 잔디마당 주변에 오랜 세월을 대변하듯 아름드리 상록수들이 제각기 조형미를 자랑한다.
03_ 여백이 있는 초입부의 잔디정원은 오랫동안 잘 관리해 온 향나무, 백송, 회양목, 철쭉 등 몇몇 수종으로 정돈된 분위기를 보인다.
04_ 동쪽의 높은 지형은 석축으로 보강하고 음지에서도 잘 적응하는 상록수를 주로 심어 숲과 같은 자연스러운 분위기가 배어난다.

01_ 경사지를 이용해 자연석으로 폭포를 만들고 계류를 조성하였다.
02_ 담쟁이덩굴에 감싸인 굴뚝과 겹처마 한옥의 처마선이 풍경을 이룬다.

03_ 툇마루에서 바라본 뒤뜰에는 향나무, 주목, 백송, 회양목, 철쭉 등이 오랜 세월 아름드리 나무가 우거져 마치 작은 숲속에 둘러싸여 있는 듯한 느낌이다.
04_ 잔디마당에는 오래된 향나무들이 조형미를 뽐내며 정원 분위기를 주도한다.
05_ 중앙고보의 설립자이자 경성방직, 동아일보와 고려대학교를 세운 인촌 김성수 선생의 동상 뒤를 오랜 세월 지켜온 고목 향나무의 조형미가 예사롭지 않다.

01_ 사자상으로 장식한 장대석계단과 법면 미니조경.
격조 높은 한옥의 규모에 걸맞게 작은 부분 하나도 소홀함이 없다.
02_ 곳곳에 배치한 다양한 석물들은 정원의 볼거리와 감상미를 더해준다.

03_ 인촌 김성수 선생의 백부이자 양부(養父)이신 원파(圓坡) 김기중(金祺中) 선생의 동상이 있는 주정원.
04_ 장명등은 유명세계를 밝힌다는 상징적인 의미와 등이라는 실용성을 가진 석조물로 많이 쓰이는 점경물 중 하나다.
05_ 조경석이나 돌조형물을 조경요소로 잘 활용하면 더욱 깊이 있는 중후한 멋을 연출할 수 있다.

01_ 대문에서 떨어진 깊숙한 곳에 넓게 조성한 주정원. 연못 안에 만든 원형 섬의 노송과 석탑, 정자가 하모니를 이루며 주정원의 절정을 이룬다.
02_ 육모정자 주변으로 아름드리 고목 상록수들이 숲을 이루고 평평한 석재 널다리가 잔디마당과 정자를 자연스럽게 이어주며 정원 풍경을 이룬다.
03_ 두 개의 장주초석을 연못에 담그고 한옥의 건축미를 자랑하는 이익공 육모정자이다.

04_ 풍혈을 2단 처리한 계자난간에 낙양창을 낸 격조 높은 겹처마 육각정자.
정자에서 바라본 주정원의 모습이 병풍처럼 다가온다.
05_ 빈틈없이 잘 가꾼 정원 곳곳에 다양한 점경물들을 배치하여 정원의
볼거리와 감상의 깊이를 더하고 있다.

04

05

정원 한가운데 자리한 홑처마 팔작지붕의 정자 함월정은 계절 따라
변하는 차경을 감상하며 절로 풍류를 즐길 수 있는 곳이다.

10 731㎡ / 221py

충주 최응성고가
풍류가 깃든 연못과
정자가 있는 야생화 정원

위 치	충청북도 충주시 살미면 중원대로
대 지 면 적	750㎡(227평)
조 경 면 적	731㎡(221평)
조경설계·시공	건축주 직영

최응성고가는 조선 숙종 때 문장가였던 함월 최응성이 거처했던 집으로 1720년에 지어졌다. 원래 살미면 무릉리에 소재한 99칸의 대규모 저택이었으나, 충주댐 건설로 1983년 현재의 위치로 특색 있는 부분만 이전, 복원하였다. 대부분 후손이 머물며 관리하는 여느 고택과는 달리 이곳은 새 주인장이 관리한다. 야생화와 분재에 심취하여 오랫동안 연구회와 동호회 활동을 해오던 주인장은 고택을 매입하여 한옥과 조화를 이룬 야생화 테마정원의 꿈을 실현하였다. 개인소유임에도 충청북도 유형문화재 제87호로 지정된 고택 정원의 연못가에는 추사 김정희의 현판이 걸려 있는 정자 '함월정(涵月亭)'이 고즈넉하게 자리하고 있다. 현재의 위치로 옮겨오면서 고증학적인 가치가 희석된 점은 있으나, 함월정은 여전히 고풍스럽고 격식 있는 옛 모습 그대로 찾아오는 사람들에게 전통 정자에 깃든 풍류와 멋을 전한다. 반달 모양의 연못가에 '달을 품다'는 의미를 내포한 함월정을 중심으로, 주변을 가득 채운 수많은 종류의 야생화와 다양한 분재작품, 자연경관과 어우러진 고택의 야생화 정원은 싱그러운 풍성함으로 볼거리가 가득하다. 정원 한쪽에는 야생화 마니아들이 찾는 각종 야생화를 재배하고 야생화 카페와 충주시의 적극적인 권유로 '충주 야생화와 고택나들이'라는 한옥스테이 프로그램도 운영한다. 바쁜 나날을 보내는 주인장은 한옥에 잠시 머물며 정신적 힐링의 쉼을 갖고 싶은 이들에게 한옥 방을 내어주고, 한옥의 고즈넉한 운치를 함께 공유하면서 아름다운 야생화 정원 가꾸기로 삶의 위로와 즐거움을 찾는다.

주요 나무와 야생화 MAJOR TREE & WILD FLOWER

괴불나무 봄~여름, 5~6월, 노란색·흰색
열매는 달걀형 또는 원형이며 길이 7mm로 붉은색이고 9월 말에서 10월 말에 성숙한다.

꽃사과 봄, 4~5월, 흰색 등
잎은 사과 잎보다 연한 녹색으로 광택이 나며 꽃은 한 눈에서 6~10개의 흰색·연홍색의 꽃이 핀다.

끈끈이대나물 여름, 6~8월, 붉은색
2년초로 윗부분의 마디 밑에서 점액이 분비된다. 이 때문에 '끈끈이대나물'이라 이름이 붙여졌다.

능소화 여름, 7~9월, 주황색
옛날에는 능소화를 양반집 마당에만 심을 수 있었다 하여 '양반꽃'이라고 부르기도 한다.

댕강나무 봄, 5월, 흰색
엷은 홍색 꽃이 잎겨드랑이 또는 가지 끝에 두상으로 모여 한 꽃대에 3개씩 꽃이 달린다.

명자나무 봄, 4~5월, 붉은색
정원에 심기 알맞은 나무로 여름에 열리는 열매는 탐스럽고 아름다우며 향기가 좋다.

방풍나물 여름, 6~7월, 흰색
풍을 예방한다고 하여 지어진 이름으로 쌉싸름한 맛을 이용한 식자재로 폭넓게 활용하고 있다.

범부채 여름, 7~8월, 붉은색
꽃은 지름 5~6cm이며 수평으로 퍼지고 노란빛을 띤 빨간색 바탕에 짙은 반점이 있다.

보리수나무 봄, 5~6월, 흰색
꽃은 처음에는 흰색이다가 연한 노란색으로 변하며 1~7개가 산형(傘形)꽃차례로 달린다.

복숭아나무 봄, 4~5월, 붉은색
복사나무라고도 하고 열매인 복숭아는 식용한다. 꽃은 아름다운 여인의 자태를 상징하기도 한다.

블루베리 봄, 4~6월, 흰색
열매는 비타민C와 철(Fe)이 풍부하다. 산성이 강하고 물이 잘 빠지면서도 촉촉한 흙에서만 자란다.

샤스타데이지 여름, 5~7월, 흰색
국화과의 다년생 초본식물로 품종에 따라 봄에서 가을까지 선명한 노란색과 흰색의 조화가 매력적인 꽃이 핀다.

연꽃 여름, 7~8월, 분홍색·흰색
순결과 부활을 상징하는 연꽃은 세상의 유혹에 물들지 않는 순수하고 고결한 정신을 표현하곤 한다.

자귀나무 여름, 6~7월, 흰색·분홍색
자귀나무는 해가 지고 나면 펼쳐진 잎이 서로 마주 보며 접힌다. 부부의 금실을 상징한다.

쥐똥나무 봄, 5~6월, 흰색
높이는 2~4m이고 익은 열매의 모양과 색이 쥐똥처럼 생겨서 쥐똥나무라는 이름이 붙었다.

황금마삭줄 봄, 5~6월, 흰색·노란색
상록성의 덩굴식물로 지표면을 기거나 암벽 또는 나무에 뿌리를 붙이고 자라 올라가며 자란다.

조경 도면 LANDSCAPE DRAWING

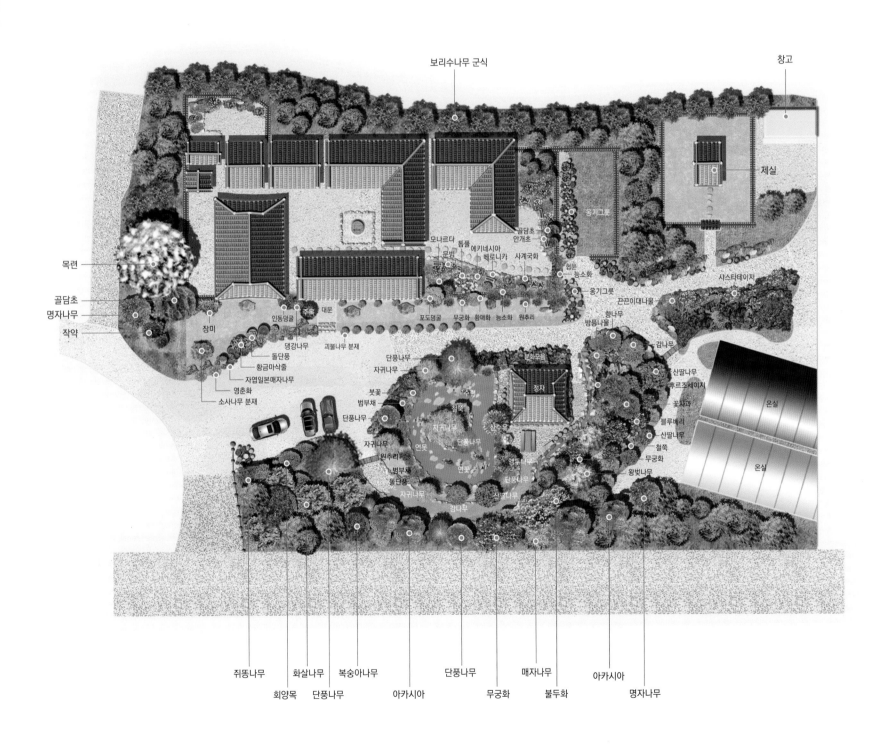

보리수나무 군식

창고

제실

옹기그릇

목련

골담초
명자나무

작약

장미

인동덩굴

주목

대문

돌단풍

황금마삭줄

자엽일본매자나무

영춘화

소사나무 분재

댕강나무

괴불나무 분재

모나르다
물밤
톱풀
에키네시아
베로니카
사계국화
안개초

협문

능소화

옹기그릇

끈끈이대나물

샤스타데이지

향나무

방풍나물

감나무

포도덩굴
무궁화
황매화
능소화
원추리

단풍나무

자귀나무

분화조동

정자

산딸나무

후르즈세이지

꽃사과

붓꽃
범부채

주목
철쭉

자귀나무

연못

단풍나무

산수유

블루베리
산딸나무

단풍나무

원추리

범부채
돌단풍
자귀나무

연꽃

영두나무

단풍나무

산딸나무

왕벚나무

철쭉
무궁화

온실

온실

감나무

쥐똥나무

화살나무

복숭아나무

단풍나무

매자나무

아카시아

회양목

단풍나무

아카시아

무궁화

불두화

명자나무

04

01_ 나지막한 뒷산을 배경으로 둔 고택은 새 주인을 만나 야생화정원과 함께 더욱더 고즈넉한 분위기로 운치를 더해간다.

02_ 항아리와 다양한 분화, 분재를 진열하여 연출한 향토적인 분위기의 고택 출입부다.

03_ 건축주는 고택을 매입해 조원하고 오랫동안 식물을 심고 연구하며 정성스럽게 정원관리를 해오고 있다.

04_ 고풍스러운 멋을 지닌 정자 함월정. 연못에 비친 달빛을 바라보며 시를 읊조리던 선인들의 풍류가 깃들어 있는 공간이다.

05_ 정원 곳곳을 채운 100여 종의 야생화와 분재, 분화는 풍성한 볼거리와 함께 야생화 테마 정원의 분위기를 이끈다.

05

01_ 격식을 갖춘 홑처마 팔작지붕 정자는 손님을 맞는 특별공간으로 정원의 큰 자랑거리다.
02_ 조그만 연못을 끼고 있는 정자, 삼 면을 두른 한지 세살창을 열어젖히면 정원과 정자는 자연 속에 묻힌 하나의 공간이 된다.

03_ 자연석기단을 쌓고 원형초석과 사다리형초석을 혼합 보완하여 그 위에 방주를 세워 복원한 정자다.

04_ 자연석 석축을 쌓아 반달 모양의 연못을 만들고 가운데에 원형 섬을 두어 전통 연못의 모습을 재현했다.

05_ 한쪽 면을 회벽으로 마감한 정자 뒤뜰. 어디에서 보나 격식 있는 정자의 고상한 분위기는 일품이다.

06_ 연꽃이 만발하는 6~7월쯤이면 연못은 온통 연꽃으로 물든다.

01_ 정자 내부는 한 칸의 방으로 구성되어 있고 주위의 퇴칸은 마루 통로이다. 문을 열어젖히면 문얼굴에 선경이 가득하다.
02_ 한옥 마당 안팎으로 두루두루 넓게 조성한 야생화정원. 풍성한 원근의 녹색 조망감이 평온하게 다가오는 정원이다.
03_ 야생화 분재와 분화가 즐비하게 놓여 있는 쇄석 포장길을 따라가면 오른쪽 뒤뜰에 야생화를 재배하는 온실이 있다.

04_ 협문 앞쪽에는 야생화 작품을 만들기 위한 다양한 석물과 분들이 가득하다.

05_ 협문에는 양반 꽃인 능소화가 한창이고, 마당의 길게 놓인 디딤돌을 걷다 보면 요즘 보기드문 강돌 우물이 있는 안마당이 나온다.

06_ 주차장에서부터 연못가로 펼쳐진 정원 산책로 입구에 철제 아치형 트랠리스를 설치하고 덩굴식물을 심었다.

11 744㎡ / 225py

오랜 전통문화를
이어오는 고택 정원

위 치	경상남도 함양군 지곡면 개평길 50-6
대 지 면 적	966㎡(292평)
조 경 면 적	744㎡(225평)
조경설계·시공	건축주 직영

지리산과 덕유산 사이에 우리나라 선비문화의 향기가 전해지는 개평 한옥마을이 있다. 100년이 넘은 60여 채의 한옥들이 잘 보존되어 오랜 역사의 흐름을 이어가고 있는 옛날 선비촌은 언제나 고즈넉한 풍경으로 찾아오는 문화탐방객들을 맞이한다. 이 마을에서도 명가원은 하동 정씨의 16대 며느리 박흥선 명인이 500년 전통을 이어오고 있는데, 손수 빚어 만든 우리나라 최고의 가양주인 솔송주로 유명한 고택 '솔송주 문화관'에서 전통문화를 체험하고 묵어갈 수도 있다. 이런 고택의 유명세만큼이나 정원의 멋과 풍취 또한 예사롭지 않은 모습이다. 이웃한 한옥지붕과 토석담, 푸른 잔디와 소나무, 정갈하게 가꾼 화단과 다양한 전통 점경물들이 조화를 이룬 마당에 들어서면 절로 평온한 기분에 감싸인다. 잔디가 넓게 펼쳐진 앞마당에는 오랜 세월을 휘감아 놓은 듯 호박돌로 쌓은 옛 우물이 담쟁이덩굴에 싸여 있고, 마당 뒤편으로는 전통주 시연에 쓰는 소줏고리가 놓여 있어 정원의 운치를 더한다. 너럭바위와 크고 작은 자연석으로 구성지게 조성한 화단, 돌 틈 사이사이에는 무늬둥굴레, 비비추, 옥잠화, 돌단풍, 꽃잔디 등 야생화가 풍성하고, 토석담을 따라 소나무, 반송, 주목, 공작단풍, 산철쭉이 등이 와편굴뚝 점경물과 어우러져 정원의 분위기를 고조시킨다. 지속적인 꽃을 위해 개화기가 짧은 야생화를 보완해 곳곳에 원예식물을 배식하는 등, 평온한 정원의 풍경 속엔 보이지 않는 주인장 내외의 관심과 사랑이 숨어있다. 조선시대 고택에서 명인이 만든 선비의 술, 솔송주와 담솔을 맛보고 옛 선비들의 멋과 풍류를 체험하며 편히 쉬어 갈 수 있는 아름다운 고택 정원이다.

잔디마당과 각종 야생화, 전통 점경물들로 구성한
500백년 전통문화의 명가, 고택의 아름다운 정원이다.

주요 나무와 야생화 MAJOR TREE & WILD FLOWER

겹벚꽃나무 봄, 4~5월, 분홍색
벚꽃이 여러 겹이여 붙여진 이름으로 잎도 크고 꽃도 큰
편이어서 꽃만 피면 쉽게 구별할 수 있다.

구절초 여름~가을, 9~11월, 흰색 등
9개의 마디가 있고 음력 9월 9일에 채취하면 약효가 가장
좋다는 데서 구절초라는 이름이 생겼다.

꽃잔디 봄~여름, 4~9월, 진분홍·보라·흰색
멀리서 보면 잔디 같지만, 아름다운 꽃이 피기 때문에
'꽃잔디'라고 하며, '지면패랭이꽃'이라고도 한다.

낮달맞이 봄~여름, 5~9월, 분홍색
남미 칠레가 원산이며 키는 20~80cm로 달맞이와 달리
낮에 꽃이 피어서 낮달맞이라고 한다.

담쟁이덩굴 여름, 6~7월, 녹색
덩굴손은 끝에 둥근 흡착근(吸着根)이 있어 돌담이나 바
위 또는 나무줄기에 붙어서 자란다.

돌단풍 봄, 4~5월, 흰색
잎의 모양이 5~7개로 깊게 갈라진 단풍잎과 비슷하고
바위틈에서 자라 '돌단풍'이라고 한다.

목련 봄, 3~4월, 흰색
이른 봄 굵직하게 피는 흰 꽃송이가 탐스럽고 향기가 강하
고 내한성과 내공해성이 좋은 편이다.

무늬둥굴레 봄~여름, 5~7월, 흰색
높이는 30~60cm로 꽃은 줄기 밑 부분의 셋째부터 여덟
째 잎 사이의 겨드랑이에 한두 개가 핀다.

불두화 여름, 5~6월, 연초록색·흰색
꽃의 모양이 부처의 머리처럼 곱슬곱슬하고 4월 초파일
을 전후해 꽃이 만발하므로 불두화라고 부른다.

붓꽃 봄~여름, 5~6월, 자주색 등
약간 습한 풀밭이나 건조한 곳에서 자란다. 꽃봉오리의
모습이 붓을 닮아서 '붓꽃'이라 한다.

비비추 여름, 7~8월, 보라색
꽃은 한쪽으로 치우쳐서 총상으로 달리며 화관은 끝이
6개로 갈래 조각이 약간 뒤로 젖혀진다.

사철나무 여름, 6~7월, 연한 황록색
겨우살이나무, 동청목(冬靑木)이라고 한다. 추위에 강하
고 사계절 푸르러 생울타리로 심는다.

석류나무 봄~여름, 5~7월, 주홍색
열매는 황색 또는 황홍색으로 익고 보석 같은 열매가 내비
치는 특색 있는 열매로서 신맛이 강하다.

앵두나무 봄, 4~5월, 흰색
앵도나무라고도 한다. 꽃은 흰색 또는 연한 붉은색이며
둥근 열매는 6월에 붉은색으로 익는다.

옥잠화 여름~가을, 8~9월, 흰색
꽃은 총상 모양이고 화관은 깔때기처럼 끝이 퍼진다. 저
녁에 꽃이 피고 다음 날 아침에 시든다.

주목 봄, 4월, 노란색·녹색
열매는 8~9월에 적색으로 익으며 컵 모양으로 열매 살의
가운데가 비어 있고 안에 종자가 있다.

조경 도면 LANDSCAPE DRAWING

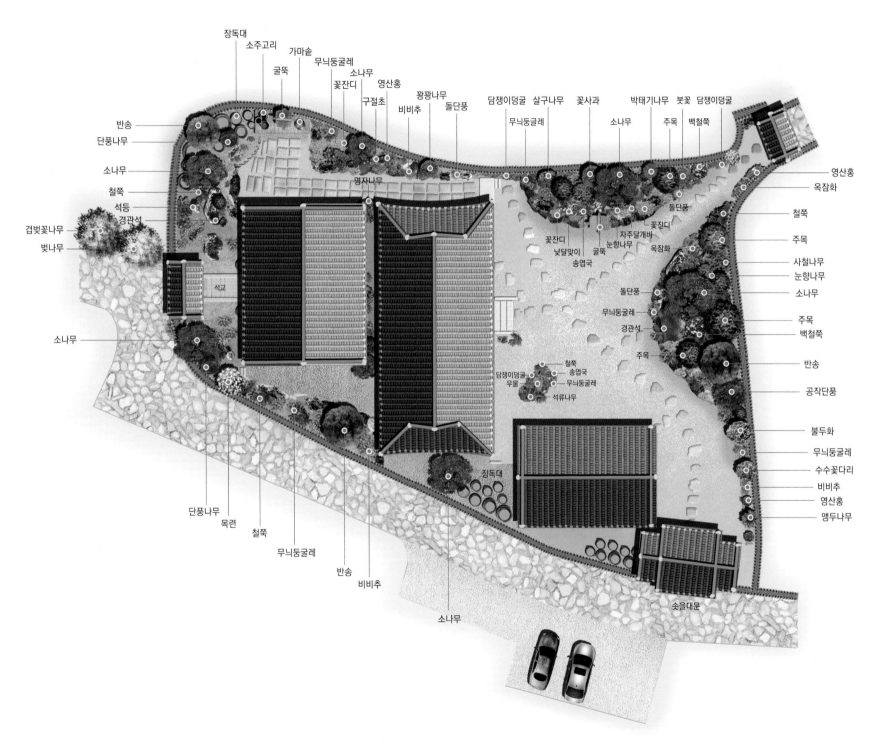

반송
단풍나무
소나무
철쭉
석등
경관석
겹벚꽃나무
벚나무

소나무

단풍나무
목련
철쭉
무늬둥굴레
반송
비비추

소나무

장독대
소주고리
굴뚝
가마솥
무늬둥굴레
꽃잔디
소나무
구절초
영산홍
비비추
꽝꽝나무
돌단풍

명자나무

석교

석류나무
담쟁이덩굴
우물
무늬둥굴레

철쭉
송엽국
무늬둥굴레

장독대

담쟁이덩굴
무늬둥글레
살구나무
꽃사과
소나무
박태기나무
주목
백철쭉
붓꽃
담쟁이덩굴

꽃잔디
낮달맞이
송엽국
자주달개비
굴뚝
눈향나무
옥잠화

돌단풍
무늬둥굴레
경관석
주목

돌단풍
꽃잔디

영산홍
옥잠화
철쭉
주목
사철나무
눈향나무
소나무
주목
백철쭉
반송
공작단풍

불두화
무늬둥굴레
수수꽃다리
비비추
영산홍
앵두나무

솟을대문

소나무

01

01_ 고택의 기와지붕과 와편굴뚝, 절구통, 항아리 등 전통적 요소들이 어우러진 향토적 분위기의 정원 풍경이다.

02_ 오랜 역사를 이어온 선비들의 고장답게 이웃한 고택들과 어우러진 정원 풍경이 예사롭지 않다.

03_ 처마 밑 댓돌과 소맷돌, 토석담과 와편굴뚝이 서로 조화를 이루며 정원의 경관을 더한다.

04_ 토석담 가장자리를 따라 소나무, 반송, 주목, 공작단풍 등을 배치하여 화단을 균형감 있게 연출했다.

01_ 화단 가운데 세운 와편굴뚝은 온돌방의 연도 기능과 향토적 색채를 더해주는 정원의 점경물로 일거양득의 효과를 거두었다.
02_ 토석담을 배경으로 고태미가 묻어나는 자연석과 야생화, 반송 등의 관목류가 어우러진 앞마당의 화단이다.

03

04

05

03_ 자연경관과 정원이 병풍처럼 펼쳐진 대청마루의 아름다운 차경이다.
04_ 협문에서 본 사랑채와 안채가 보이는 주정원. 좌우에 토석담을 배경으로 철쭉, 꽃잔디, 무늬둥굴레 등을 심었다.
05_ 선조들의 중요한 식수 공급원이었던 마당의 우물, 이제는 그 기능을 다 했으나 수생식물을 키우는 특색있는 공간으로 세월의 흔적을 대변하며 정원의 운치를 더한다.

01_ 우물의 깊이만큼이나 선조들의 역사적 의미와 이야기가 깊게 투영된 공간, 시각적인 아름다움뿐만 아니라 정신적인 미학이 느껴지는 공간이다.

02_ 암석원을 방불케 하는 너럭바위와 자연석의 조화로운 연출이 깊은 자연미를 더한다.

03_ 곳곳을 싱그럽게 장식하고 있는 수목과 각종 야생화, 점경물들이 정원 산책의 즐거움을 더해준다.

04_ 향토색의 절정을 이룬 후정. 장인의 솜씨가 엿보이는 와편굴뚝, 소줏고리와 항아리, 토석담과 야생화, 석조물 등은 한옥조경의 감성적인 분위기를 배가시킨다.

05_ 솔송주를 발효시킨 후 증류주를 만드는 화덕과 굴뚝, 솔송주 시연을 하는 곳으로 정원의 특별한 장소다.

06_ 장독대 앞의 너럭바위와 석등의 조화로운 모습이다.

05

06

01_ 위용 있는 솟을대문의 문얼굴에 정원풍경이 그림처럼 펼쳐진다.
02_ 솟을대문에서 시작된 디딤돌은 사랑채를 돌아 안채로 이어진다.

03_ 솔송주문화관과 연결된 명가원 후문. 오랜 역사를 고스란히 간직하고 있는 격식 있는 겹처마 일각문이다.

04_ 그 옛날 방문객의 말발굽 소리를 듣기 위해 자연석 포장을 했다는 고샅길을 따라가다 보면 고택마다 격식 있는 토석 담장들이 마을의 정취를 고조시킨다.

자연에 동화한 디자인으로 나무, 토양, 지형 등
자연 그대로의 모습을 품어 안은 운치 있는 정원 풍경이다.

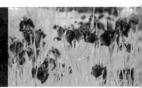

| 12 | 1,541 ㎡ |
| | 466 py |

함양 아름지기
자연 그대로를 적극적으로 받아들인 정원

위　　　치 경상남도 함양군 함양읍 서하면 봉전길 44-8
대 지 면 적 1,750㎡(529평)
조 경 면 적 1,541㎡(466평)
조경설계·시공 ㈜서안조경

함양한옥은 150여 년 된 종택을 기증받아 3년여에 걸쳐 복원한 한옥으로 아름지기 재단에서 운영하는 고품격 한옥문화체험관이다. 한옥의 재활, 복원, 개조뿐 아니라 새로운 한옥의 신축, 현대적 요소의 접목 등 다양한 방법을 실험적으로 적용하여, 한옥의 예스러운 멋에 현대적인 실용성과 안락함을 절충함으로써, 현대인들이 쉽게 한옥생활을 체험할 수 있도록 한 신개념의 리모델링 한옥이다. 아름다운 산과 들에 둘러싸여 있는 장점을 적극적으로 끌어들여, 자연을 모방하거나 축소하기보다는 자연 상태를 그대로 도입한 특징을 찾아볼 수 있다. 따라서 정원설계는 자연 지형을 변형시키지 않는 것이 가장 중요한 포인트였다. 지리산 자락이 주변을 휘감는 자연환경에 순응하는 정원 형태로서, 지세와 풍세를 최대한 살리기 위해 가옥의 배치도 자연 상태의 널찍한 너럭바위와 자생하던 갖가지 수목들을 피해 이루어졌다. 아름지기 한옥과 정원의 참맛은 자연과 만남에 있다. 안채 마당의 너럭바위 옆 매화나무, 운치 있게 펼쳐진 후원 화계의 울창한 대나무 숲, 토석담을 따라 요소요소에 적절하게 조성한 화단은 본래 그 모양인 양 자연스럽기만 하다. 녹색의 자연 속에 다소곳이 앉은 무채색 기와지붕은 뒷산과 앞산의 볼록한 모습을 닮았고, 사시사철 자연의 향과 소리로 가득한 정원은 정신적인 위안과 휴식을 가져다준다. 모든 채에 통유리 벽을 설치하여 안에 앉아서도 그림 같은 선경들을 한눈에 감상할 수 있는 곳, 현대적인 리모델링으로 재탄생하였지만, 한옥의 전통미가 그대로 살아 있어 자연과 역사를 함께 체험할 수 있는 곳, 호젓하고 고즈넉한 고택의 아름다운 정원이다.

주요 나무와 야생화 MAJOR TREE & WILD FLOWER

골담초 봄, 5월, 노란색·주황색
길이가 2.5~3m로서 처음에는 황색으로 피어 후에 적황
색으로 변하고, 아래로 늘어져 핀다.

금낭화 봄, 5~6월, 붉은색
전체가 흰빛이 도는 녹색이고 꽃은 담홍색의 볼록한 주머
니 모양의 꽃이 주렁주렁 달린다.

낙상홍 여름, 6월, 붉은색
열매는 5mm 정도로 둥글고 붉게 익는데, 잎이 떨어진
다음에도 빨간 열매가 다닥다닥 붙어 있다.

대나무 여름, 6~7월, 붉은색
줄기는 원통형이고 가운데가 비었다. '매난국죽(梅蘭菊
竹)', 사군자 중 하나로 즐겨 심었다.

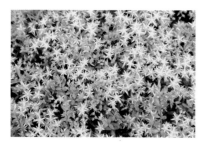

돌나물 봄~여름, 5~7월, 노란색
줄기는 옆으로 뻗으며 각 마디에서 뿌리가 나온다. 어린
줄기와 잎은 식용한다.

때죽나무 봄~여름, 5~6월, 흰색
꽃들은 다소곳하게 아래를 내려다보고 핀다. 덜 익은
푸른 열매는 물고기 잡는 데 이용한다.

말발도리 봄~여름, 5~6월, 흰색
열매가 말발굽 모양을 하고 있고, 꽃잎과 꽃받침조각은
5개씩이고 수술은 10개이며 암술대는 3개이다.

매화나무 봄, 2~4월, 흰색
잎보다 먼저 피는 꽃이 매화이고 열매는 식용으로 많이
쓰는 매실이다. 상용 또는 과수로 심는다.

무늬둥굴레 봄~여름, 5~7월, 흰색
높이는 30~60cm로 꽃은 줄기 밑 부분의 셋째부터 여덟
째 잎 사이의 겨드랑이에 한두 개가 핀다.

배롱나무/백일홍/간지럼나무 여름, 7~9월, 붉은색 등
백일홍나무라고도 하며, 나무껍질을 손으로 긁으면 잎이
움직인다고 하여 간지럼나무라고도 한다.

산수유 봄, 3~4월, 노란색
봄을 여는 노란색 꽃은 잎보다 먼저 피고, 가을에 식용이
가능한 붉은색 열매가 달린다.

상사화 여름, 8월, 홍자색
키는 60cm 정도 자라며 꽃은 8월에 비늘줄기에서 나온
꽃자루 위에 4~8송이씩 무리 지어서 핀다.

조팝나무 봄, 4~5월, 흰색
높이 1.5~2m로 꽃핀 모양이 튀긴 좁쌀을 붙인 것처럼
보이므로 조팝나무(조밥나무)라고 한다.

참나리 여름~가을, 7~8월, 주황색
꽃은 붉은색 바탕에 검은빛이 도는 자주색 점이 많으며
4~20개가 밑을 향하여 달린다.

할미꽃 봄, 4~5월, 자주색
흰 털로 덮인 열매의 덩어리가 할머니의 하얀 머리카락
같이 보여서 '할미꽃'이라는 이름이 붙었다.

황금조팝나무 여름, 6월, 연분홍색
낙엽 관목으로 키는 10cm 정도로 잎이 노란색이며 노지
에서도 잘 살아 키우기가 용이하다.

조경 도면 LANDSCAPE DRAWING

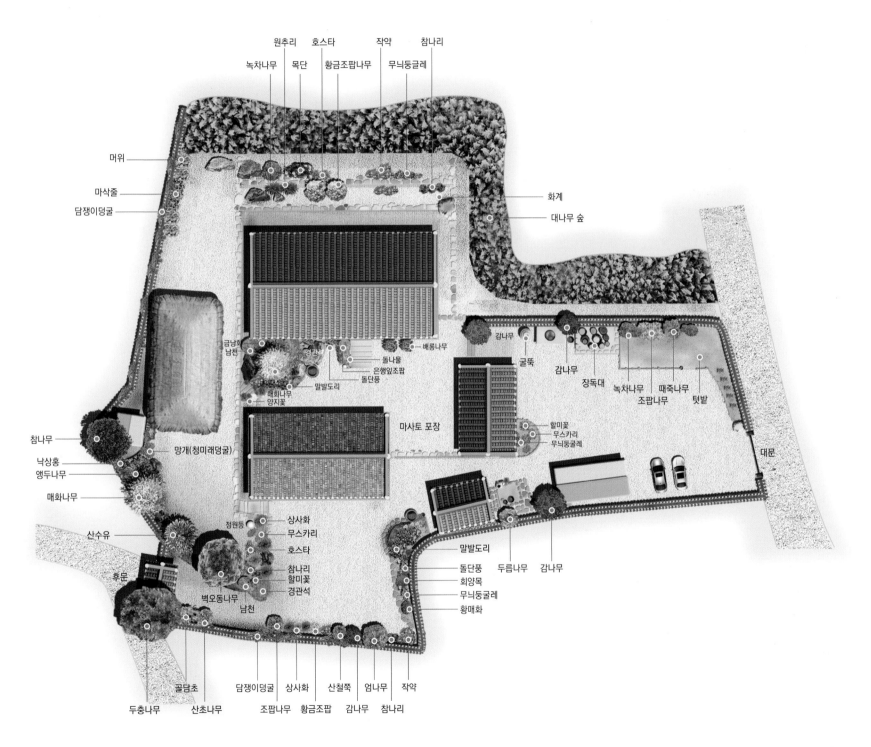

원추리
호스타
작약
참나리
녹차나무
목단
황금조팝나무
무늬둥글레

머위
마삭줄
담쟁이덩굴

화계
대나무 숲

금낭화
남천
경관석
돌나물
배롱나무
감나무
은행잎조팝
굴뚝
감나무
매화나무
양지꽃
말발도리
돌단풍
장독대
녹차나무
때죽나무
텃밭
조팝나무

참나무
망개(청미래덩굴)
마사토 포장
할미꽃
무스카리
무늬둥글레

낙상홍
앵두나무
매화나무

산수유
정원등
상사화
무스카리
호스타
참나리
할미꽃
경관석
말발도리
돌단풍
회양목
무늬둥글레
황매화
두릅나무
감나무

후문
벽오동나무
남천
대문

두충나무
산초나무
꿀담초
담쟁이덩굴
상사화
산철쭉
엄나무
작약
조팝나무
황금조팝
감나무
참나리

01_ 호텔급 숙박시설로 리모델링한 안채, 고태미가 흐르는 지형 그대로의 바위와
자연석기단이 마당의 분위기를 자연스럽게 이끈다.
02_ 채와 채가 서로 마주 보며 자연 속 풍경을 이루고 사이사이로 바람길이 열려 있다.
03_ 형식에 얽매이지 않은 자유로운 모습에 더 정감이 가는 화단. 매화나무는 한옥의
고운 자태와 잘 어울리는 깊은 매력이 있다.
04_ 150년의 긴 세월을 짐작케 하는 기단과 계단의 자연스러운 모습이다.

05

05_ 사랑채와 안채, 토석 벽과 초가지붕의
목욕채로 둘러싸여 전통과 자연의 미가
느껴지는 아늑한 공간의 안마당이다.
06_ 기단과 바위틈에 자생한 은행잎조팝
나무가 세월만큼이나 튼실하게 분재처럼
자리 잡았다.

06

01_ 살랑이는 바람에 흔들려 대나무 잎이 사각거리는 소리를 듣고 있으면 저절로 마음이 평온해지는 후원이다.
02_ 의연한 풍채로 세월의 무게를 견뎌낸 맞배지붕 안채 측정의 모습.
03_ 후원의 대숲에 이는 바람 소리에 귀가 열리고, 고재의 향기가 묵향처럼 은은하게 감돈다.

04_ 고상한 사대부가의 기품처럼 곧게 뻗은 화계의 대나무 숲이다.
05_ 낮은 담 너머로 펼쳐진 산과 들의 차경이 정원과 일체감을 이루며
하나의 풍경이 되어 감동을 준다.
06_ 경사지에 자연석을 쌓아 자연스럽게 조성한 계단 형태의 화단.

01_ 안과 밖을 구분하는 낮은 토석담은 자연과의 단절이 아닌 자연스러운 연결선으로 담 너머 풍경 속으로 넓게 확장되어 나간다.

02_ 물을 받아내는 작은 물확, 아름지기 한옥의 멋은 자연과 인위가 맞닿은 곳에도 자연스러운 멋이 배어 나오는 데 있다.

03_ 고택의 건축미와 토석담, 너럭바위와 수목들의 조화로움은 한옥 정원의 깊은 참멋을 느끼게 한다.

04_ 기존에 있던 바위를 그대로 두고 토석담 사이로 길을 내어 협문과 연결했다.

05_ 흙과 돌, 나무가 한데 어우러진 토석담의 부드러운 곡선이 시선을 끌며 마음에 위안을 준다.
06_ 서로 기대어 오랜 세월을 이겨내 온 너럭바위와 토석담이 주는 감동은 자연 그 이상이다.
07_ 초록의 자연 속에 다소곳이 앉은 무채색의 기와지붕은 뒷산과 앞산의 볼록한 모습을 닮아 자연에 거스르지 않는다.

군산 삼지헌

비움과 개방의 미학이 깃든 정원

위　　　치	전라북도 군산시 임피면 읍내리
대 지 면 적	1,818㎡(550평)
조 경 면 적	1,673㎡(506평)
조경설계·시공	건축주 직영

"사람은 집을 만들고, 집은 사람을 만든다."는 윈스턴 처칠경의 말처럼 건축주는 집안 어른이 짓고 살았던 그 한옥을 개축하여 어른의 정신에 누가 되지 않도록 심신 도야의 삶을 살아간다. '삼지헌(三知軒)'이란 당호는 지분(知分), 지족(知足), 지지(知止)로 '분수를 알고, 만족할 줄 알며, 때를 알고 멈출 줄 알자.'라는 뜻으로, 고민과 성찰을 통해 얻은 삶의 지혜를 담아 건축주가 지은 이름이다. 이런 마음으로 1957년에 지어진 처가의 고택을 인수함으로써, 10년 넘게 머릿속에서만 맴돌았던 생각들을 구체적으로 실현할 수 있게 되었다. 아늑하고 소박한 집을 구상하며, 기존 집터에 고택의 기둥과 보, 서까래를 그대로 유지한 채 현대생활에 편리하도록 리모델링하였다. 정원설계는 채움보다는 비움을, 폐쇄보다는 개방을 통해 주변의 풍광은 물론 마을과 조화를 이루며, 이웃 사람들과도 원활한 소통과 정을 나눌 수 있는 공간을 생각했다. 허청으로 쓰던 건물은 사랑채로 바꾸고, 울안에 있던 창고, 축사, 바깥 화장실 등 부속건물은 해체하여 마당을 조성하고 잔디를 깔아 탁 트인 시야를 확보했다. 마당과 텃밭의 경계는 낮은 와편 담장으로 공간을 구분하고 주변에 화단을 조성했다. 40년 이상 된 탱자나무 생울타리는 그대로 살려두되, 담장은 가능한 한 낮추어 울안을 개방하고 대문도 위압감이 들지 않도록 소박하게 설치했다. 마당의 풀 한 포기, 돌멩이 하나하나에도 즐거움과 행복을 느끼며 '삼지헌'을 실천해 간다. 한옥과 넓은 정원 그리고 텃밭, 오랫동안 꿈꿔왔던 전원생활에서 부부는 함께 화단과 텃밭을 가꾸며, '소확행(小確幸)'의 삶을 살아간다.

겹처마 팔작지붕의 격식 있는 한옥의 열려 있는 조경이다.
건축부터 조경까지 자재며 조경재 하나하나에도 한옥과 정원의 조화를 고려한 선택이다.

주요 나무와 야생화 MAJOR TREE & WILD FLOWER

금낭화 봄, 5~6월, 붉은색
전체가 흰빛이 도는 녹색이고 꽃은 담홍색의 볼록한 주머니 모양의 꽃이 주렁주렁 달린다.

금목서 가을, 9~10월, 노란색
푸른 잎과 자주색 열매, 섬세하고 풍성한 가지에 향기까지 갖춘 초겨울을 즐길 수 있는 정원수이다.

남천 여름, 6~7월, 흰색
과실은 구형이며 10월에 붉게 익는다. 단풍과 열매도 일품이어서 관상용으로 많이 심는다.

낮달맞이 봄~여름, 5~9월, 분홍색
남미 칠레가 원산이며 키는 20~80cm로 달맞이와 달리 낮에 꽃이 피어서 낮달맞이라고 한다.

대나무 여름, 6~7월, 붉은색
줄기는 원통형이고 가운데가 비었다. '매난국죽(梅蘭菊竹)', 사군자 중 하나로 즐겨 심었다.

댕강나무 봄, 5월, 흰색
엷은 홍색 꽃이 잎겨드랑이 또는 가지 끝에 두상으로 모여 한 꽃대에 3개씩 꽃이 달린다.

동백나무 봄, 12~4월, 붉은색·흰색 등
5~7개의 꽃잎은 비스듬히 퍼지고 수술은 많으며 꽃잎에 붙어서 떨어질 때 함께 떨어진다.

미선나무 봄, 3~4월, 붉은색·백색
세계적으로 1속 1종밖에 없는 희귀종이므로 천연기념물로 지정하여 보호하고 있다.

박태기나무 봄, 4월, 분홍색
잎보다 분홍색의 꽃이 먼저 피며 꽃봉오리 모양이 밥풀과 닮아 '밥티기'란 말에서 유래 되었다.

불두화 여름, 5~6월, 연초록색·흰색
꽃의 모양이 부처의 머리처럼 곱슬곱슬하고 4월 초파일을 전후해 꽃이 만발하므로 불두화라고 부른다.

붉은인동 여름, 5~6월, 붉은색
줄기가 다른 물체를 감으면서 길이 5m까지 뻗는다. 늦게 난 잎은 상록인 상태로 겨울을 난다.

아네모네 봄, 4~5월, 분홍색·붉은색 등
6월에 잎이 누레지면 알뿌리를 그늘에 말려 저장하여 9~10월 심으면 이른 봄에 6~7cm의 꽃이 핀다.

클레마티스 봄~여름, 5~6월, 분홍색 등
꽃은 10~15cm로 분홍색, 흰색, 자주색 등 다양하게 있고 가지 끝에 원추꽃차례로 1개씩 달린다.

탱자나무 봄, 5월, 흰색
열매는 둥글고 지름 3cm로 향기가 좋으나 먹을 수 없다. 길이 3~5㎝ 정도의 굳센 가시가 어긋나기 한다.

패랭이꽃/석죽 여름~가을, 6~8월, 붉은색
높이 30cm 내외로 꽃의 모양이 옛날 사람들이 쓰던 패랭이 모자와 비슷하여 지어진 이름이다.

피라칸다 봄~여름, 5~6월, 흰색
상록 관엽식물로 높이 1~2m까지 자라고 가지가 많이 갈라지고 서로 엉키고 가시가 많다.

조경 도면 LANDSCAPE DRAWING

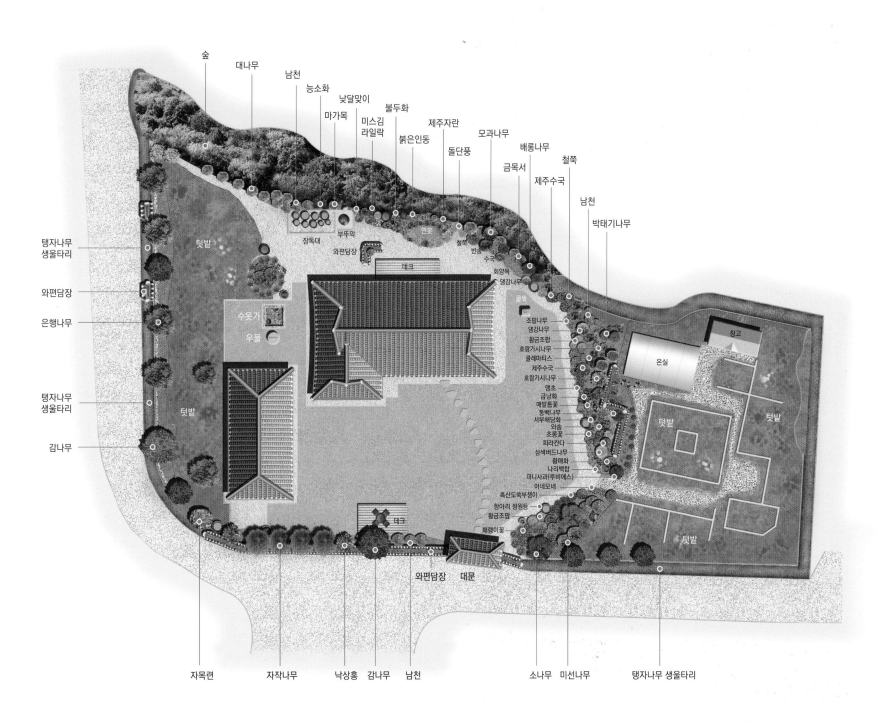

숲
대나무
남천
능소화
마가목
낮달맞이
미스김 라일락
불두화
붉은인동
제주자란
돌단풍
모과나무
금목서
배롱나무
제주수국
철쭉
남천
박태기나무

탱자나무 생울타리
와편담장
은행나무
탱자나무 생울타리
감나무

텃밭
장독대
부뚜막
와편담장
데크
연못
철쭉
반송
수국
회양목
댕강나무

수돗가
우물
텃밭

굴뚝
조팝나무
댕강나무
황금조팝
호랑가시나무
클레마티스
제주수국
호랑가시나무
앵초
금낭화
매발톱꽃
동백나무
서부해당화
와송
초롱꽃
피라칸다
삼색버드나무
황매화
나리백합
미니사과(루비에스)
아네모네
흑산도쑥부쟁이
항아리 정원등
황금조팝
패랭이꽃

데크
와편담장
대문

온실
창고
텃밭
텃밭
텃밭

자목련
자작나무
낙상홍
감나무
남천
소나무
미선나무
탱자나무 생울타리

01_ 낮은 담과 생울타리, 앞마당을 비운 수목 배치로 밖에서도 한 눈에 띄는 한옥 풍경은 행인들에게도 보기 드문 선물이다.

02_ 진입로에서 본 한옥 측면으로 요즘 보기 드문 탱자나무 생울타리를 예전 그대로 살렸다.

03_ 낮은 담장으로 울안의 개방감을 높이고 대문도 위압감이 들지 않도록 소박하게 설치했다.

04_ 헛간으로 쓰던 허청을 리모델링하여 사랑채로 꾸몄다.

05_ 식물의 식재 부분은 낮고 자연스럽게 마운딩하고, 마당과 텃밭을 구분하는 내담을 중심으로 주변에 화단을 꾸미고 점경물 등을 배치했다.

01_ 시원스럽게 열려있는 정원과 텃밭은 주변 환경과의 조화를 고려함이다.
가능한 시야를 가리지 않는 자유로운 개방감이 정원설계의 포인트였다.
02_ 비교적 넓게 조성한 정원과 텃밭은 '소확행(小確幸)'의 삶을 위한 터전이다.

03_ 도편수의 솜씨가 발휘된 벽체와 와편굴뚝, 시원하게 개방된 누마루가
대나무 숲과 조화를 이루며 한옥의 새로운 멋을 선보인다.
04_ 단아하고 향토적인 정원의 분위기가 한옥과 조화를 이룬 풍경이다.
한옥만의 독특한 건축미로 누마루를 통해 바라보는 차경(借景)은 그 어느
건축물보다도 아름답다.
05_ 굴뚝은 기능만큼이나 예술적인 작품성을 담고 있어, 일종의 조형물로써
전통조경의 경관을 더해주는 빼놓을 수 없는 점경물이다.

01_ 화단과 텃밭을 구분한 낮은 와편담장, 한옥조경의 전통미를 더해주는 단연 돋보이는 점경물이다.

02_ 주택 앞으로 아기자기하게 펼쳐진 주정원, 항아리 조경등을 배치하여 조명과 장식 두 가지 효과를 냈다.

03_ 현무암으로 조성한 연못 주변에는 돌단풍, 금낭화, 붉은인동, 낮달맞이 등을 심어 자연스러운 운치를 더했다.

04_ 격조 있게 기와를 얹은 낮은 와편담장을 따라 화단을 조성하고 키 작은 관목과 화초류 위주로 감성적인 공간을 연출했다.

05_ 뒤뜰에는 대나무 숲이 울창하고, 산에서 흘러내리는 자연수를 받아내는 수수하게 꾸민 작은 연못은 물고기들의 한가로운 놀이터다.

01_ 실생활에서도 유익한 장독대와 아궁이는 실용성과 전통미를 겸비한 한옥조경의 훌륭한 점경물이다.
02_ 흙을 빚어 쌓아 올린 와편담장 사이에 식물을 심어 생기를 불어 넣었다.
03_ 텃밭 옆에 있는 우물을 그대로 두고, 수돗가를 만들어 편리하게 사용한다.

04

04_ 낮은 와편담장의 내담, 항아리, 가마솥이 걸려 있는 아궁이와 굴뚝은 한국인의 마음속에 자리 잡고 있는 향수의 DNA를 자극하는 요소들이다.

북서쪽 팔공산을 배경으로 아름답게 펼쳐진 고즈넉한 분위기의 한옥 정원.
고택을 둘러싸고 있는 긴 돌담과 각양각색의 자연석, 석조물들은 남천고택 정원의 자랑거리다.

14

1,868㎡
565 py

군위 남천고택
돌담길 전통마을의
고택 정원

위　　　치	경상북도 군위군 부계면 한밤5길
대 지 면 적	1,983㎡(600평)
조 경 면 적	1,868㎡(565평)
조경설계·시공	건축주 직영

팔공산 줄기에 둘러싸인 한밤마을은 군위군에서 가장 오래된 전통마을이다. 대청, 남천고택, 돌담길, 솔밭 등 유서 깊은 마을의 예스러운 멋과 정취를 찾아 매년 많은 탐방객이 찾아온다. 이 중에서도 일명 '상매댁'으로 불리며 경상북도 민속문화재 164호로 지정된 남천고택은 오랜 세월 후손들이 굳건히 지키며 관리하고 있다. '내륙의 제주도'로 일컬을 만큼 십 리 넘게 굽이굽이 이어지는 긴 자연석 돌담길로 더 유명해진 곳이다. 집집마다 솜씨대로 자연스럽게 쌓아 올린 돌담은 구불구불 삐뚤빼뚤 마을 구석구석까지 이어져 고샅들은 어김없이 담장 사이로 나타났다 감추기를 반복한다. 고샅부터 가옥 전체가 자연스러운 돌담으로 둘러싸이고, 산수유, 호두나무, 감나무가 담장 너머 고개를 내민 남천고택은 담쟁이와 호박 덩굴, 이끼로 뒤덮인 돌담 골목길과 함께 마을의 진풍경을 이루며 그윽한 정취를 자아낸다. 회사 일보다 정원관리가 더 힘들다고 푸념하는 후손들의 정성스러운 관리 덕에 볼거리가 더해진 남천고택은 탐방객들의 필수 코스다. 600평 남짓 되는 넓은 정원에는 300년 세월을 꿋꿋이 지켜온 두 그루의 멋진 노거수 잣나무가 고택의 상징처럼 서 있고 모란, 해당화, 산당화, 병꽃나무, 홍매화, 수국, 수수꽃다리 등 화목류는 계절마다 색다른 매력을 뽐낸다. 크고 작은 항아리가 놓인 장독대와 연못, 각양각색의 물확과 자연석, 석물들이 한옥과 함께 조화를 이루며 고즈넉한 향토미를 뿜어낸다. 북서쪽의 팔공산을 배경으로 아름답게 펼쳐진 남천고택의 정원풍경은 계절마다 다른 채색으로 절정을 이루며 길손들의 고향에 대한 향수와 서정적인 감성을 자극한다.

주요 나무와 야생화 MAJOR TREE & WILD FLOWER

감나무 봄, 5~6월, 노란색
경기도 이남에서 과수로 널리 심으며 수피는 회흑갈색이
고 열매는 10월에 주황색으로 익는다.

남경도 봄, 4월, 붉은색·흰색
북미가 원산이며 복숭아나무의 변종으로 꽃복숭아라고
도 하며 열매는 작아서 식용하지 않는다.

능수홍도 봄, 4~5월, 붉은색
가지가 늘어져 자라는 복숭아나무로 흰색·홍색으로 흐
드러지게 피는 꽃이 관상가치가 있다.

대추나무 여름, 6~7월, 황록색
높이 7~8m로 열매는 길이 2~3cm로 타원형의 핵과로
9~10월에 녹색이나 적갈색으로 익는다.

매실나무 봄, 2~4월, 흰색·담홍색
꽃은 잎보다 먼저 피고 연한 붉은색을 띤 흰빛이며 향기
가 나고, 열매는 공 모양의 녹색이다.

모란 봄, 5월, 붉은색
목단(牧丹)이라고도 한다. 꽃이 지름 15cm 이상으로 크
기가 커서 화왕으로 불리기도 한다.

배나무 봄, 4~5월, 흰색
장미과에 딸린 낙엽 소교목으로 배는 9~10월에 누렇게
익으며, 물기가 많고 맛이 달다.

산수유 봄, 3~4월, 노란색
봄을 여는 노란색 꽃은 잎보다 먼저 피는데 짧은 가지 끝
에 산형꽃차례로 20~30개가 모인다.

살구나무 봄, 4월, 붉은색
살구나무는 꽃이 아름답고 열매는 맛이 있으며 씨는 종
은 약재가 되므로 예부터 많이 심었다.

수수꽃다리 봄, 4~5월, 자주색·흰색 등
한국 특산종으로 북부지방의 석회암 지대에서 자라며 향
기가 짙은 꽃은 묵은 가지에서 자란다.

앵두나무 봄, 4~5월, 흰색
앵도나무라고도 한다. 꽃은 흰색 또는 연한 붉은색이며
둥근 열매는 6월에 붉은색으로 익는다.

은행나무 봄, 4~5월, 녹색
열매가 살구와 비슷하다고 하여 살구 행(杏)자와 중과피
가 희다 하여 은(銀)자를 합한 이름이다.

자두나무 봄, 4월, 흰색
'오얏나무'라고도 하며 열매는 원형 또는 구형으로 자연
생은 지름 2.2cm, 재배종은 7cm에 달한다.

해당화 봄, 5~7월, 붉은색
바닷가 모래땅에서 자란다. 높이 1~1.5m로 가지를 치
며 갈색 가시가 빽빽이 나고 털이 있다.

호두나무 봄, 4~5월, 녹색
열매는 둥글며 털이 없고 핵은 도란형으로 연한 갈색이
며 봉선을 따라 주름살과 파진 골이 있다.

황매화 봄, 4~5월, 노란색
높이 2m 내외로 가지가 갈라지고 털이 없으며 꽃은 잎
과 같이 잔가지 끝마다 노란색 꽃이 핀다.

조경 도면 LANDSCAPE DRAWING

감나무
매화나무
산수유
앵두나무
돌담
영산홍
겹벚꽃나무
호두나무
반송
산수유
산수유
담쟁이덩굴
남경도
능수홍도
매화나무
그네
소나무
남경도
능수홍도
정자
테이블
사당
전나무
산수유
전나무
배나무
회양목
자두나무
정자
감나무
반송
살구나무
라일락
수수꽃다리
장독대
산수유
상사화
라일락
모란(목단)
매실나무
영산홍
소나무
매화나무
남경도
담쟁이덩굴
대추나무
병꽃나무
연못
장미
황매화
반송
무궁화
담쟁이덩굴
반송
은행나무
수국
해당화
자두나무
수사 해당
명자나무 (산당화)
병꽃나무
목련
황매화
살구나무
대문

168 | 한옥조경 / Hanok Garden and Landscaping

01_ 장독대 주변은 박석포장을 하여 접근성과 관리상의 편리함을 고려했다.

02_ 꽃피는 산골의 따스한 봄기운이 느껴지는 안마당의 정겨운 풍경이다.

03_ ㄷ자형 안채 대청의 기둥 사이로 보이는 사랑채와 앞마당의 그림 같은 풍경이다.

04_ 안채 후면의 문얼굴. 상매댁(남천고택) 남쪽의 진입로를 따라 수목들이 마당 안쪽까지 축을 이루며 대나무군락으로 이어진다.

05_ 후정을 넓게 잔디정원으로 조성하여 야외무대나 전통놀이 공간으로 활용하고 있다.

06_ 암석정원을 방불케 하는 돌담, 박석포장, 물확, 조경석 등 다양한 돌 소재가 조화롭게 배치되어 있다.

01_ 대문채를 들어서면 보이는 안채 앞에 반송과 목단, 회양목으로 시선을 가려 차폐 효과를 주었다.

02_ 사랑채 마당에는 수형이 잘 잡힌 소나무와 반송이 기품있게 자리하고 있다.

03_ 안마당에 널찍하게 자리 잡은 장독대에는 여러가지 전통의 맛을 체험하며 이어가기 위한 정성이 가득 담겨 있다.

04_ 후손들이 우물을 개조해 조성한 앞마당의 연못은 계절에 맞추어 시원한 수공간을 선보인다.

05_ 장독대 옆에 놓인 다듬어지지 않은 물확과 돌절구 등의 점경물로 친근한 자연미를 더한다.

06_ 돌담을 뒤로 두고 반송, 산당화, 병꽃나무가 제각각의 자태를 뽐낸다.

01_ 자연석을 쌓아 올린 돌담과 화단은 오랜 세월 동안 닳고 닳아 고태미를
선보이며 암석원 같은 후정을 이룬다.
02_ 돌담 옆으로 가지런히 놓은 항아리들도 하나의 풍경이다.
03_ 안채 뒷마당 옆으로 사당이 있다. 조상을 모시는 중요한 장소이니만큼
고택의 상징이 된 두 그루의 노거수 잣나무가 풍경을 이루며 사당을 지킨다.

04_ 돌담으로 구획하여 별도의 협문을 둔 뒷마당의 사당. 마을 전체가 북향한 탓에
대부분의 집들이 뒷마당을 넓게 확보하여 채광을 확보하였다.
05_ 햇빛이 좋은 동쪽에 적당한 거리를 두고 과실수들을 심어 한 축을 이루었다.
06_ 가마솥 부뚜막이 딸린 대문채가 돌담과 조화를 이루며 전통미를 더한다.

01_ 잔디에 박석을 깔아 편안함이 느껴지는 긴 고샅 전경. 오른쪽으로 마을의 중심이 되는 유서 깊은 '군위 대율리 대청'이 자리하고 있다.

02_ 자연과 주민들의 합작품이 된 돌담. 어려웠던 마을의 옛이야기가 깃든 돌담이 이제는 아름다운 풍경을 이루는 마을의 자랑거리가 되었다.

03_ 힘들었던 시기, 파고 또 파도 쏟아져 나오는 돌을 처리하느라 집집마다 쌓아 올렸다는 돌담이 굽이굽이 마을의 골목길을 이루며 고즈넉한 고향의 정취를 자아낸다.

04_ 돌담 사이에 형성된 자연스러운 분위기의 진입로 풍경. 대문채 옆으로 정성스럽게 쌓아 올린 땔감이 오는 이들의 시선을 편하게 한다.

하동 찔레꽃언덕펜션

물안개 피는
섬진강 언덕 위의 정원

위 치	경상남도 하동군 화개면 상덕길 46-40
대 지 면 적	3,438㎡(1,040평)
조 경 면 적	3,205㎡(970평)
조경설계·시공	건축주 직영

경상남도의 최서단에 위치한 하동군은 북쪽으로 장엄하게 우뚝 솟은 지리산과 서쪽으로 맑고 푸른 섬진강이 굽이굽이 흐르는 천혜의 자연환경으로 한국의 알프스라 불릴 만큼 경치가 수려한 고장이다. 이처럼 아름다운 자연 풍광으로 둘러싸여 있는 한옥 펜션 '찔레꽃언덕'은 광양의 백운산과 S자로 굽이치는 섬진강이 내려다보이는 언덕 위의 전망 좋은 곳에 자리한다. 조경설계의 주안점은 단연 차경(借景)을 으뜸으로 한 탁 트인 조망감과 주변 자연과 조화로움이었다. 독립채로서 각각 특색 있게 지은 너와집, 초가집, 황토집, 정자는 경사지 정원과 주변에 심어 놓은 각종 야생화와 어우러져 정겨운 고향 집의 풍경을 그려낸다. 경사지 지형에 맞추어 자연스레 형성한 2단 부지에 석축을 쌓고 흙을 돋우어 조망감을 극대화했다. 아래 단의 너와집 마당에는 주차장과 초가 정자, 넓은 텃밭을 두고 각종 과실수와 채소를 심었다. 주인장은 찾아오는 객들에게 밭에서 기른 싱싱한 제철 과일을 제공하고, 채소를 직접 따는 기회도 제공하며 후한 인심을 베푼다. 산에서 흐르는 물을 모아 연못을 만들고 낙차를 이용해 미니폭포와 계류를 만들어, 가까이서 자연의 소리를 들으며 심신을 힐링할 수 있는 아름다운 정원이다. 해마다 봄이 되면 벚꽃이 온 마을을 화사하게 수놓고, 벚꽃이 지고 봄이 한 참 무르익을 때면 연분홍 찔레꽃이 만발하는 언덕, 주변의 녹차 밭은 늘 싱그러운 푸르름을 안겨주며 눈과 마음을 정화한다. 이른 아침 섬진강 물길 따라 하얗게 피어오른 물안개의 장관은 가히 별천지에 들어 온 듯, '찔레꽃언덕'의 객들은 잠시 무릉도원의 세계에 빠진다.

너와집에 화단이 아담하게 조성되어 있고, 나지막한 산들이 풍경으로 다가오는 서정적인 분위기의 한옥이다.

주요 나무와 야생화 MAJOR TREE & WILD FLOWER

금목서 가을, 9~10월, 노란색
푸른 잎과 자주색 열매, 섬세하고 풍성한 가지에 향기까지 갖춘 초겨울을 즐길 수 있는 정원수이다.

능소화 여름, 7~9월, 주황색
가지에 흡착 근이 있어 벽에 붙어서 올라가고 깔때기처럼 큼직한 꽃은 가지 끝에 5~15개가 달린다.

다알리아 여름~가을, 6~9월, 분홍색 등
멕시코 원산으로 줄기는 곧추서고 높이 100~200cm이며, 위쪽에서 가지가 갈라진다.

댕강나무 봄, 5월, 흰색
엷은 홍색 꽃이 잎겨드랑이 또는 가지 끝에 두상으로 모여 한 꽃대에 3개씩 꽃이 달린다.

모과나무 봄, 5월, 분홍색
울퉁불퉁하게 생긴 타원형 열매는 9월에 황색으로 익고 향기가 좋으며 신맛이 강하다.

물망초 봄~여름, 5~8월, 하늘색
다년초로 높이 20~50cm 정도 자란다. 물망초란 영어의 Forget me not(나를 잊지 마세요)을 번역한 것이다.

미니백일홍 봄~가을, 5~10월, 붉은색·주황색 등
멕시코 원산지로 꽃이 잘 시들지 않고 100일 이상 오랫동안 피어 유지된다.

바이덴스 여름~가을, 5~10월, 노란색
멕시코 원산지인 국화과 여러해살이풀로 꽃은 꽃대 끝에 달리며, 대체로 5~8장의 꽃잎이 달린다.

범부채 여름, 7~8월, 붉은색
꽃은 지름 5~6cm이며 수평으로 퍼지고 노란빛을 띤 빨간색 바탕에 짙은 반점이 있다.

불두화 여름, 5~6월, 연초록색·흰색
꽃의 모양이 부처의 머리처럼 곱슬곱슬하고 4월 초파일을 전후해 꽃이 만발하므로 불두화라고 부른다.

붓꽃 봄~여름, 5~6월, 자주색 등
약간 습한 풀밭이나 건조한 곳에서 자란다. 꽃봉오리의 모습이 붓을 닮아서 '붓꽃'이라 한다.

사과나무 봄, 4~5월, 흰색
열매는 꽃받침이 자라서 되고 8~9월에 붉은색으로 익는데 황백색 껍질눈이 흩어져 있다.

석류나무 봄~여름, 5~7월, 주홍색
열매는 황색 또는 황홍색으로 익고 보석 같은 열매가 내비치는 특색 있는 열매로서 신맛이 강하다.

조팝나무 봄, 4~5월, 흰색
높이 1.5~2m로 꽃핀 모양이 튀긴 좁쌀을 붙인 것처럼 보이므로 조팝나무(조밥나무)라고 한다.

차나무 가을, 10~11월, 흰색·연분홍색
수술은 180~240개이고, 꽃밥은 노란색이다. 강우량이 많고 따뜻한 곳에서 잘 자란다.

천일홍 여름~가을, 7~10월, 붉은색·흰색 등
한해살이풀로 작은 꽃이 줄기 끝과 가지 끝에 한 송이씩 달려 두상 꽃차례를 이룬다.

조경 도면 LANDSCAPE DRAWING

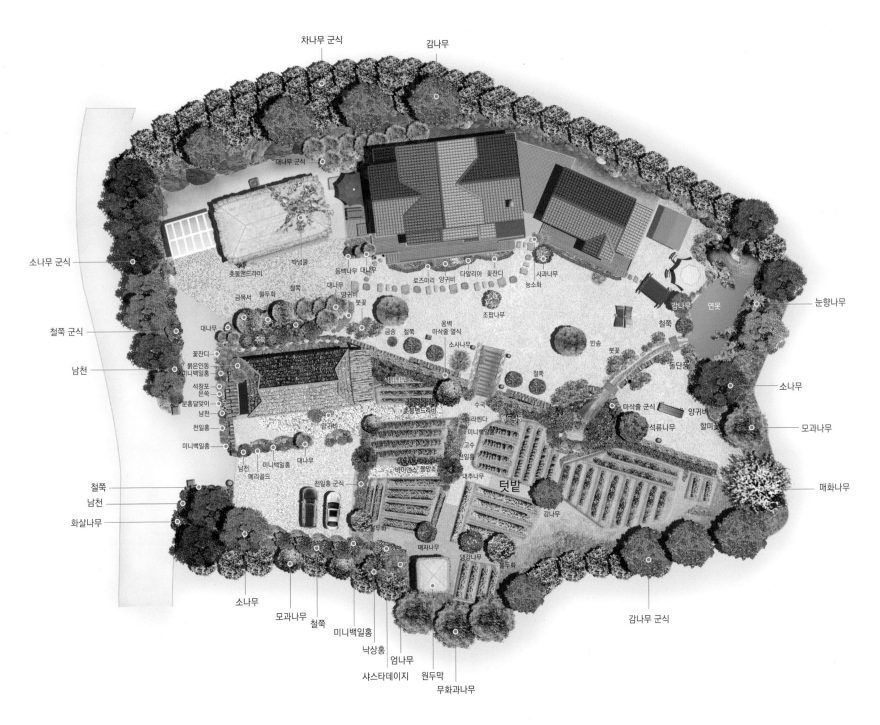

차나무 군식
감나무
대나무 군식
소나무 군식
촛불맨드라미
박넝쿨
동백나무 대나무
로즈마리 양귀비
다알리아 꽃잔디
사과나무
감나무 연못
눈향나무
금목서 물두화
철쭉
대나무
양귀비
붓꽃
능소화
조팝나무
철쭉 군식
대나무
금송 철쭉
옹벽 마삭줄 열식
반송
붓꽃
돌단풍
남천
주목
꽃잔디
붉은인동
미니백일홍
석창포
은쑥
분홍달맞이
남천
천일홍
미니백일홍
소사나무
철쭉
소나무
남천
메리골드
양귀비
미니백일홍
대나무
석류나무
촛불맨드라미
수국
라벤다
맥문나무
미니백일홍
고수
천일홍
마삭줄 군식 양귀비
석류나무
할미꽃
모과나무
철쭉
남천
화살나무
천일홍 군식
바이댄스 물망초
대추나무
텃밭
감나무
감나무 군식
매화나무
물두화
매자나무
댕강나무
물두화
소나무
모과나무
철쭉
미니백일홍
낙상홍
엄나무
샤스타데이지
원두막
무화과나무

04

01_ 암키와를 정성스럽게 쌓아 올려 만든 나지막한 담장으로 전통미가 더해진 너와집 주변의 아담한 화단이다.

02_ 자연에서 얻은 재료로 지은 너와집과 수수하게 꾸민 자유로운 형태의 화단이다.

03_ 메리골드, 미니백일홍, 천일홍, 남천 등 몇몇 수종만을 군식하여 소박하게 연출했다.

04_ 조경은 다루는 사람의 솜씨에 따라 같은 재료로도 다른 분위기를 연출할 수 있는 일종의 창작예술이다. 창의적으로 만든 기와담의 멋이 돋보인다.

05_ 초가집을 중심으로 주변에 대나무, 소나무, 동백나무를 요점식재하고 자생식물을 적절히 배식하여 녹색의 생동감을 더했다.

05

01_ 맞은편의 백운산과 섬진강이 내려다보이도록 초가집, 황토집 본채와 별채, 연못을 一자형으로 배치하여 꾸민 정원이다.

02_ 데크 앞쪽에 수키와로 화단을 만들고 다양한 꽃들을 자유롭게 식재하여 계절에 따라 변화하는 모습을 감상할 수 있게 했다.

03_ 석축으로 2단 처리하여 윗단에는 황토주택을 중심으로 반송과 낮은 관목 위주로, 아랫단에는 넓은 채소밭과 유실수 위주로 심었다.

04_ 차경(借景)을 으뜸으로 꼽는 이 정원은 S자로 굽이치는 섬진강이 내려다보이는 언덕 위 전망 좋은 곳에 자리한다.

05_ 이른 아침 섬진강 줄기 따라 물안개가 피어오르면 주변은 온통 무릉도원이 된다.

06_ 경사지 또는 법면을 이용한 야생화 조경은 데드스페이스를 최대한 활용하면서 친근감을 주어 권장할만한 조경방법이다.

03

04

05

06

01_ 차경(借景)을 위한 정원의 설계 개념에 맞게 주정원은 시야 확보를 위해 나지막한 관목류 위주로 식재했다.

02_ 높은 언덕에 자리 잡은 주정원에는 탁 트인 전망을 편히 앉아 즐길 수 있게 벤치가 놓여 있다.

03_ 원경을 이루는 광양의 백운산과 굽이굽이 흐르는 섬진강이 한 폭의 그림처럼 다가오는 정원이다.

04_ 채소밭과 초가 정자, 자연경관이 함께 어우러진 정겨운 앞마당의 풍광이다.

05_ 마당을 가로지르는 수로 주변에 붓꽃과 마삭줄을 심어 자연미를 더했다.

06_ 자연적으로 형성된 물줄기를 이용해 만든 연못과 미니 폭포다.

01_ 사방이 자연으로 둘러싸인 너와집 정원은 안과 밖의 구분이 없는 드넓은 자연풍광의 연속이다.
02_ 경사지 언덕에 자리 잡은 '찔레꽃언덕' 펜션은 경상남도에서 인정한 우수주택으로, 전통가옥의 구성과 탁월한 조망감을 자랑한다.

03_ 채소정원과 초가 정자 주변에는 각종 유실수와 관목, 초화류를 자유롭게 식재하여 먹거리와 볼거리가 다채로운 공간이다.
04_ 집 뒤뜰에는 감나무를 군식하고 밑에는 녹차밭을 조성하였다.
05_ 초가지붕 정자는 주변 경관을 즐길 수 있는 편안한 쉼터이자 한옥 정원의 향토적인 운치를 더해주는 구성요소다.

문간채에서 본 안채와 시원스럽게 펼쳐진 넓은 안마당과 정원 풍경이다.

4,374 ㎡
1,323 py

김제 석담리주택

일상의 여유로운 쉼터,
아름다운 주말주택 정원

위 치	전라북도 김제시 백구면 석담리
대 지 면 적	4,535㎡(1,372평)
조 경 면 적	4,374㎡(1,323평)
조경설계·시공	건축주 직영

오래된 기둥과 보, 서까래는 원형대로 유지하고 현대생활에 불편함이 없도록 리모델링한 주말주택용 한옥이다. 긴 장방형의 넓은 대지에 ㄱ자형 한옥채와 마당, 정원과 동산, 적절한 노동의 시간을 보낼 수 있는 텃밭까지 즐기는 전원생활을 위한 조건을 고루 갖추었다. 자연스럽게 형성된 나지막한 동산에는 오랜 세월을 가늠케 하는 왕벚나무, 두충나무, 튤립나무, 소나무, 주목 등 다양한 노거수들이 아름드리 숲을 이루며 풍경을 주도한다. 정원에는 갖가지 교목과 관목, 야생화가 풍성하고 화사하게 제각각의 자연미를 뽐내며 하모니를 이루고, 그 중심에 정원 풍경을 두루두루 완상하며 노동의 망중한을 즐길 수 있는 육각정자 쉼터가 자리하고 있다. 집주인은 넓은 텃밭에 계절마다 싱싱한 먹거리를 위한 다양한 채소와 유실수를 기르며, 꽃과 열매를 감상하고 이웃과 함께 풍성한 수확의 기쁨과 정도 나누며 사랑의 전도사 역할을 자청한다. 도심에 주거지를 두고 주말마다 어김없이 찾아오는 나만의 특별한 공간, 바쁜 일상은 잠시 뒤로, 팔을 걷어붙여 노동 삼매경에 빠져들면 시간 가는 줄 모르고 어느새 자연과 하나 됨을 몸과 마음으로 느끼며 위안을 받는다. 오랜 세월 삶의 추억이 고스란히 담겨있는 넓은 한옥 마당의 정원과 텃밭, 형식에 얽매이지 않는 집주인의 소탈한 취향으로 만지고 가꾸며 자유롭게 완성해가는 나만의 소중한 정원이다. 작은 풀 한 포기도 잡초가 아닌 자연 속에 존재하는 그대로를 인정해야 한다는 자연인의 마음을 닮은 집주인, 함께 세월과 가치를 더해가며 바쁜 일상의 쉼표가 되어주는 아름다운 삶의 그린 공간이다.

주요 나무와 야생화 MAJOR TREE & WILD FLOWER

감나무 봄, 5~6월, 노란색
경기도 이남에서 과수로 널리 심으며 수피는 회흑갈색이
고 열매는 10월에 주황색으로 익는다.

구기자 여름~가을, 6~9월, 보라색
열매는 긴 타원형이고 길이 1.5~2.5cm로 붉은색이며
각종 성분을 함유하여 차나 술을 만든다.

가막살나무 봄, 5월, 흰색
크기는 1.5~3m의 낙엽활엽관목으로 열매는 넓은 달걀
형이며 지름이 8mm이고 9~10월에 발갛게 익는다.

꽃사과 봄, 4~5월, 흰색 등
잎은 사과 잎보다 연한 녹색으로 광택이 나며 꽃은 한 눈
에서 6~10개의 흰색·연홍색의 꽃이 핀다.

낙상홍 여름, 6월, 붉은색
열매는 5mm 정도로 둥글고 붉게 익는데, 잎이 떨어진
다음에도 빨간 열매가 다닥다닥 붙어 있다.

고광나무 봄~여름, 4~6월, 흰색
꽃의 지름은 3~3.5cm로 향기가 있고 차폐용이나 큰 나
무의 하목으로 심으면 복층 미가 있다.

느티나무 봄, 4~5월, 노란색
가지가 고루 퍼져서 좋은 그늘을 만들고 벌레가 없어 마
을 입구에 정자나무로 가장 많이 심는다.

동백나무 봄, 12~4월, 붉은색
5~7개의 꽃잎은 비스듬히 퍼지고 수술은 많으며 꽃잎에
붙어서 떨어질 때 함께 떨어진다.

무궁화 여름, 7~9월, 붉은색
대한민국의 국화(國花)로 꽃이 아름답고 꽃피는 기간이
길어서 조경용과 분재용으로 널리 이용된다.

백합나무 봄~여름, 5~6월, 녹황색
튤립 같은 꽃이 달리므로 튤립나무라고 하며, 가지 끝에
꽃이 1송이씩 달리며 지름은 6cm이다.

불두화 여름, 5~6월, 연초록색·흰색
꽃의 모양이 부처의 머리처럼 곱슬곱슬하고 4월 초파일
을 전후해 꽃이 만발하므로 불두화라고 부른다.

섬잣나무 봄, 5~6월, 노란색·연녹색
잎은 길이가 3.5~6㎝인 침형(針形)으로 5개씩 모여 달
려 오엽송(五葉松)이라고도 부른다.

사철나무 여름, 6~7월, 연한 황록색
겨우살이나무, 동청목(冬靑木)이라고 한다. 추위에 강하
고 사계절 푸르러 생울타리로 심는다.

조릿대 여름, 4월, 검자주색
높이 1~2m로 껍질은 2~3년간 떨어지지 않고 4년째
잎집 모양의 잎이 벗겨지면서 없어진다.

주목 봄, 4월, 노란색·녹색
'붉은 나무'라는 뜻의 주목(朱木)은 나무의 속이 붉은색
을 띠고 있어 붙여진 이름이다.

호랑가시나무 봄, 4~5월, 흰색
크리스마스 장식용으로 쓰이며 잎은 두꺼우며 윤채가 나
고, 타원 육각형으로 각 점이 가시가 된다.

조경 도면 LANDSCAPE DRAWING

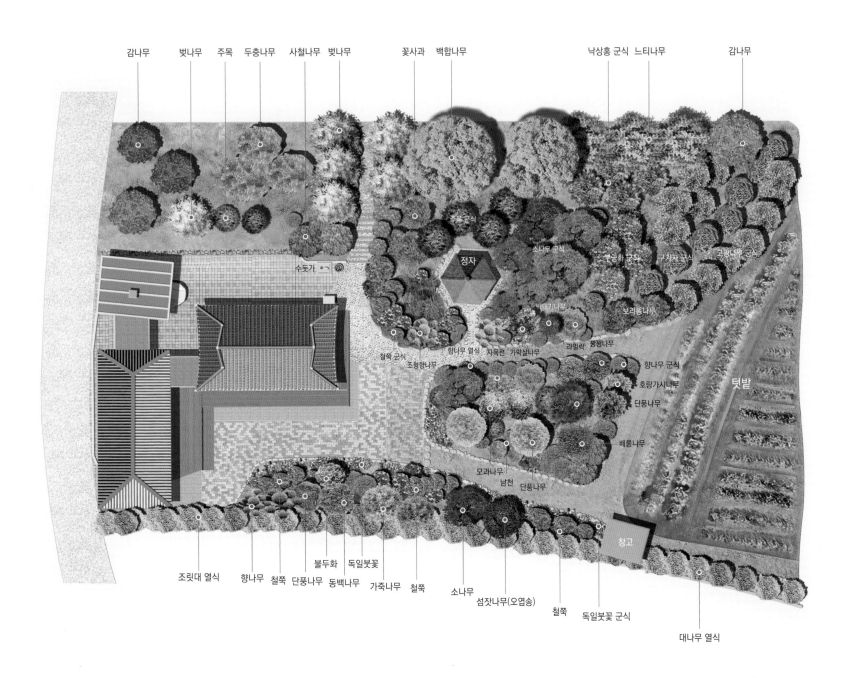

감나무 벚나무 주목 두충나무 사철나무 벚나무 꽃사과 백합나무 낙상홍 군식 느티나무 감나무

수돗가

향나무 열식 자목련 가막살나무 라일락 꽝꽝나무

정자

주목 군식

소나무 군식

무궁화 군식 구기자 군식 고광나무 군식

박태기나무

보리똥나무

철쭉 군식

조형향나무

향나무 군식

호랑가시나무

단풍나무

배롱나무

모과나무

남천 단풍나무

텃밭

창고

조릿대 열식 향나무 철쭉 단풍나무 동백나무 가죽나무 철쭉 소나무 섬잣나무(오엽송) 철쭉 독일붓꽃 군식

불두화 독일붓꽃

대나무 열식

01_ 노출된 서까래를 그대로 두고 퇴칸을 확장하고 시스템창호를 설치하여 현대생활에 편리하도록 리모델링한 한옥이다.
02, 03_ 리모델링으로 새롭게 단장한 한옥의 상위 풍경, 정원과 나지막한 동산, 넓은 텃밭까지 전원생활을 위한 자연환경을 두루 갖추었다.

04_ 안채 전면에 데크를 깔고 마당은 대리석과 점토벽돌로 포장하여 관리상의 편리성과 기능성을 살렸다.

05_ 돌과 벽돌로 자유롭게 경계를 두른 화단에는 다양한 교목과 낮은 관목들이 어우러져 풍성한 녹음을 드리운다.

06_ 주로 잔디마당의 디딤돌로 사용하는 둥근 맷돌을 화단 경계로 이용하였다.

07_ 소탈한 성품의 집주인을 닮은 자유로운 형태의 나만의 소중한 정원이다.

01_ 전통의 멋과 현대의 편리성을 접목해 깔끔하게 단장한 한옥이다.
02_ 나지막한 동산으로 이루어진 뒤뜰의 작은 숲속으로 오르는 계단이다.

03_ 구기자, 가막살나무, 수수꽃다리, 박태기나무 등 다양한 수종을 자유롭게 식재한 정원은 그 자체의 싱그러움만으로도 큰 위안제이다.
04_ 호박돌로 만든 계단을 오르면 키 큰 노거수들이 어울려 터널을 이룬다.
05_ 큰 나무 밑에 자리 잡은 정자는 노동의 망중한을 즐기는 휴식공간이다.
06_ 정원 풍경을 시원스럽게 완상할 수 있는 곳에 육각정자 쉼터가 자리잡고 있다.

01_ 호박돌로 둘러싼 나지막한 동산과 휴식을 위한 정자로 이루어진 측정이다.
02_ 한옥과 채소밭을 잇는 동선, 아름드리 자라난 수목들이 풍성함을 뽐낸다.
03_ 전원생활을 위한 주택과 정원, 텃밭까지 삼박자가 조화를 이룬 전원주택의 풍경이다.

04_ 창고까지 설치해 둔 비교적 큰 규모의 텃밭에서 집주인은 다양한 채소를
가꾸며 노동을 통해 마음을 수련하고 정화한다.
05_ 자연스럽게 형성된 뒤뜰의 동산, 작은 풀 한 포기도 뽑아내야 할 잡초가 아닌
하나의 식물로 인정받는 평화로운 뒤뜰의 자연 풍경이다.
06_ 튤립 꽃과 모양이 같은 북아메리카 원산의 백합나무로 웅장한 자태를 드러낸다.

03 상업·공공
한옥조경 사례

전통을 지키는 것만큼이나 중요한 것은 현재와 교류하며 살아 있는 문화로서 발전시켜나가는 것이다. 한옥은 새롭게 변화하고 재해석되면서 상업·공공 한옥으로 확대, 진화하며 끊임없이 발전하고 있는 현재진행형이다. 이번 장에서는 이런 진화에 걸맞게 함께 변화하고 있는 상업·공공 공간의 다양한 한옥 조경 사례를 소개한다. 한옥의 정신과 미학이 깃든 정원, 오랜 세월이 쌓인 고택의 고즈넉한 정원, 예(禮)를 예술(藝術)로 승화시킨 정원, 심산유곡 절경을 재현한 전통정원, 한옥의 멋을 함께 나누며 선조의 정신을 이어가는 카페 정원 등, 한옥에 깊게 내재한 미의식을 정립하고 재현하여 새로운 시대와 융합하는 건축물로 거듭난 다채로운 상업·공공 한옥조경을 살펴볼 수 있다.

호안재는 경포천이 휘감아 돌고 울창한 해송으로 둘러싸인
수려한 경관의 힐사이드에 자리하고 있다.

강릉 씨마크호텔 호안재

자연식생을 활용한
고즈넉한 정원

위   치 강원도 강릉시 해안로406번길 2
대 지 면 적 4,165㎡(1,260평)
조 경 면 적 3,811㎡(1,153평)
조경설계·시공 건축주 직영

'호안재(蝴安齋)'는 강릉 경포대 언덕 위에 자리한 씨마크호텔의 독립된 한옥동 스위트 객실이다. '나비가 편안하게 쉬는 곳'이라는 의미처럼 호안재의 특별한 매력은 전통미와 편리성을 두루 갖추었다는 점이다. 고요하고 아늑한 정서가 깃든 독립된 휴식공간에서 옛 문화의 숨결과 사대부의 풍류를 느낄 수 있고, 현대적인 재해석으로 완성된 새로운 형태의 편리함으로 공간의 여유로움을 누릴 수 있다. 조경의 전체적인 개념은 한정된 면적을 최대한 활용할 방안으로, 가운데 잔디밭을 조성하고 외곽선을 따라 지역 식생을 적극적으로 활용하며 나무와 야생화를 심는 방식이다. 따라서 동해안의 아름다운 절경을 한눈에 감상할 수 있는 본관과 달리 호안재는 울창한 해송에 둘러싸여 있어 객실 문을 열면 각기 다른 얼굴의 해송과 마주하게 된다. 안채, 사랑채, 별채 등으로 구성되어 채마다 독립된 마당을 두고, 넓은 잔디와 수공간, 야생화 군락으로 꾸며져 있는 정원에서 고즈넉한 한옥의 멋과 자연의 아늑함을 오감으로 체험할 수 있다. 가장 안쪽의 안채 누마루 앞마당에는 지역 식생으로 꾸민 작은 정원이 있고, 별채와 마당은 쪽마루에 앉아 햇살을 받으며 언덕 아래 대나무 원경을 즐기기에 좋다. 앞마당에 쌓인 낙엽마저 운치를 더하며 머무른 자체가 휴식이 되는 곳. 인간이 아름다움을 느끼며 온전한 휴식을 누릴 수 있는 경관이라면 일반적으로 지형과 물, 그리고 식물, 세 가지 요소의 조화로운 배치라 할 수 있는 데, 이러한 요소들을 두루두루 갖춘 곳이 호안재다. 아기자기하고 생동감 넘치는 오묘한 운치로 머무는 이들에게 편안함을 안겨주는 천혜의 아름다운 휴식공간이다.

주요 나무와 야생화 MAJOR TREE & WILD FLOWER

꽃사과 봄, 4~5월, 흰색 등
잎은 사과 잎보다 연한 녹색으로 광택이 나며 꽃은 한 눈에서 6~10개의 흰색·연홍색의 꽃이 핀다.

도라지 여름~가을, 7~8월, 보라색·흰색
도라지의 주요 성분은 사포닌으로 봄·가을에 뿌리를 채취하여 날것으로 먹거나 나물로 먹는다.

돈나무 봄, 5~6월, 흰색
줄기 밑동에서 여러 갈래로 갈라져서 모여 나고 높이는 2~3m로 관상적 가치가 있어 많이 심는다.

명자나무 봄, 4~5월, 붉은색
정원에 심기 알맞은 나무로 여름에 열리는 열매는 탐스럽고 아름다우며 향기가 좋다.

물싸리 여름, 6~8월, 노란색
개화 기간이 길다. 정원의 생울타리, 경계식재용으로 또는 암석정원에 관상수로 심어 가꾼다.

배롱나무/백일홍/간지럼나무 여름, 7~9월, 붉은색 등
100일 동안 꽃이 피어 '백일홍' 또는 나무껍질을 손으로 긁으면 잎이 움직인다고 하여 '간지럼나무'라고도 한다.

산앵두나무 봄~여름, 5~6월, 붉은색
꽃은 묵은 가지 끝의 총상꽃차례에 종을 거꾸로 매달아 놓은 것처럼 무리 지어 붉게 핀다.

섬기린초 여름, 6~7월, 노란색
줄기는 모여 나고 줄기 끝의 산방꽃차례에 자잘한 노란색 꽃이 전체적으로 큰 꽃송이를 만든다.

수련 여름~가을, 5~9월, 흰색 등
꽃은 3~4일간 정오경에 피었다가 저녁때 오그라들기 때문에 잠자는 꽃이라는 뜻으로 수련이다.

오죽 봄, 6~7월, 녹색
오죽(烏竹)은 까마귀의 검은 빛을 딴 검은 대나무를 말하며 아름다워서 관상용으로 많이 심는다.

원추리 여름, 6~8월, 주황색
잎 사이에서 가는 줄기가 나와 100cm 높이로 곧게 자라고 잎은 2줄로 늘어서고 끝이 처진다.

일월비비추 여름, 6~8월, 자주색
산에서 자라는 여러해살이풀로 꽃줄기 끝의 두상꽃차례에 연한 자주색 꽃이 한쪽으로 치우쳐서 달린다.

진달래 봄, 4~5월, 붉은색
화관은 벌어진 깔때기 모양이고 꽃은 잎보다 먼저 피고 가지 끝에 2~5개가 모여 달린다.

찔레꽃 봄, 5월, 백색·연홍색
꽃의 질박함이 흰옷을 즐겨 입던 우리 민족의 정서에도 맞는 향긋한 꽃내음을 내는 토종 꽃이다.

회화나무 여름, 7~8월, 노란색
높이 25m로 가지가 퍼지고 작은 가지는 녹색이며 작은 잎은 7~17개씩이고 꽃은 원추꽃차례로 달린다.

히어리 봄, 3~4월, 노란색
마을 사람들이 부르던 순수 우리 이름으로 개나리, 산수유 등과 함께 봄을 가장 먼저 알리는 나무이다.

조경 도면 LANDSCAPE DRAWING

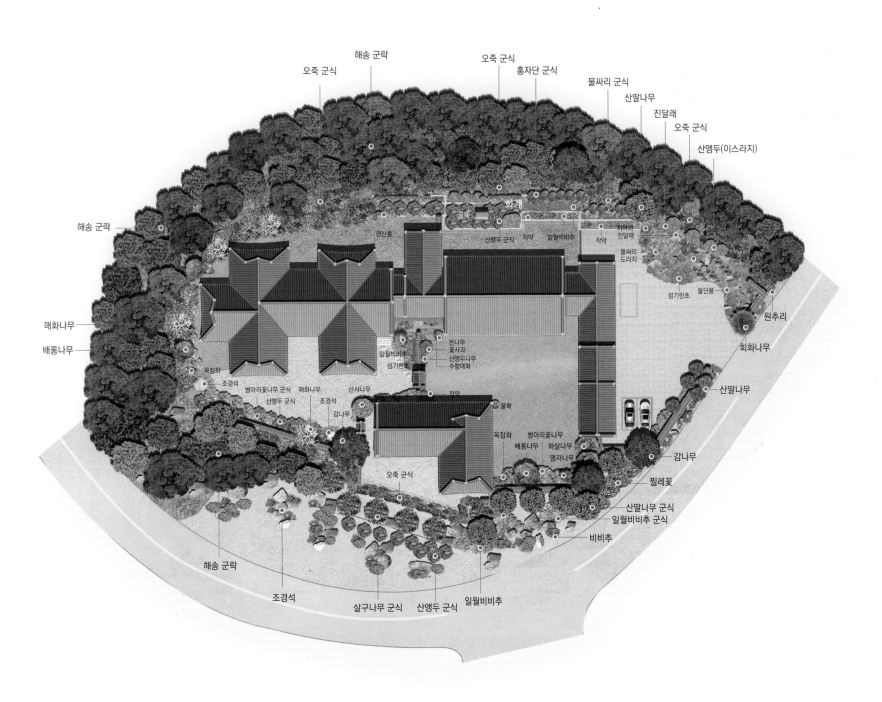

01_ '대나무 잎에 떨어지는 빗소리를 듣는 곳'이라는 뜻의 안채 '청우헌(聽雨軒)'의 아늑한 정원.
02_ 가장 안쪽에 위치한 안채 앞마당은 지역 식생을 적극적으로 활용하여 작은 정원으로 꾸몄다.

03_ 호안재는 강릉 씨마크호텔의 독립된 한옥동으로 특급호텔의 최고급 스위트룸이다.
04_ 마사토를 깐 마당의 담장을 배경 삼아 지역에서 잘 자라는 나무와 야생화로 단아하게 꾸민 화단이다.
05_ 와편담장 너머에 산사나무를 요점식재하고 담장 밑으로 야생화를 군식하여 한옥, 담장과 조화를 이루었다.

01_ '선유정(仙遊亭)' 별채의 누마루를 무대로 전통공연이 펼쳐지면, '소희루(召禧樓)' 사랑채의 너른 마당은 관람석으로 변한다.

02_ 마사토를 깐 안마당과 달리 넓은 정방형의 사랑채는 잔디마당이다.

03_ 안채로 드나드는 중문, 와편담장 밑에 꽃아그배나무를 요점식재하고, 좌우로 작약, 산앵두나무를 군식했다.

04_ 회랑에서 본 별채와 안채, 와편담장과 지당의 구성미가 돋보이는 조경 연출이다.

05_ 안채와 사랑채를 잇는 회랑 앞의 작은 연못이 정원의 운치에 깊이를 더해준다.

01_ 소나무를 배경으로 한옥의 처마 끝 건축미가 더욱 빛을 발하는 안채 정원.
02_ 일월비비추, 섬기린초, 노루오줌, 돌단풍, 작약, 산앵두나무 등이 자연스럽게
군락을 이룬 안채 입구의 단아한 화단.
03_ 생긴 대로의 투박함에 정이 가는 자연석 디딤돌.

04_ 해송으로 둘러싸인 자연식생지의 장점을 최대한 살려 담장 안의 조경은
비교적 간결하게 조성하였다.
05_ 뒤뜰의 경사지는 장대석으로 화계를 만들고 식물로 마무리했다.

01_ 9칸이 일자로 길게 펼쳐진 행랑채와 솟을대문, 탁 트인 시원스러운 풍경이 오는 손님의 시선을 집중시킨다.
02_ 호안재 건너편 힐사이드에 조성된 자작나무 군락을 통해 내려다본 풍경.

03_ 호안재 진입로의 조경. 군락을 이룬 해송과 지형적인 입체감, 식물의
조화로운 배치로 조경의 묘미를 살렸다.
04_ 자연지형을 살려 조성한 입구의 미니 암석원. 돌단풍, 물싸리, 섬기린초,
황금조팝나무 등의 메지식재로 자연미를 더했다.

최순우옛집은 시민들의 자발적인 노력과 후원으로
옛 모습 그대로 잘 보존되고 있는 우리나라 시민문화유산 제1호다.

18	293 ㎡
	89 py

성북 최순우옛집

한옥의 정신과 미학이
깃든 정원

위 치	서울시 성북구 성북로15길 9
대 지 면 적	395㎡(119평)
조 경 면 적	293㎡(89평)
조경설계·시공	건축주 직영

서울 성북구 성북동에 있는 최순우옛집은 1930년대 지어진 근대한
옥(등록문화재 제268호)으로, 전 국립중앙박물관 관장이자 미술사학
자였던 혜곡 최순우가 1976년부터 1984년까지 살던 집이다. 내셔널
트러스트 운동에 힘입어 시민들의 자발적인 후원과 기증으로 보전된
우리나라 시민문화유산 제1호다. 골목길로 접어들어 한옥 입구에 들
어서면 안채와 문간채가 튼 ㅁ자 형태를 보이고, 안마당 중정에는 수
목과 석조로 꾸민 아담한 화단이 예사롭지 않은 분위기로 방문객들을
맞는다. 오래된 향나무와 노송이 서 있는 앞마당과 사랑채를 지나면
이 집의 백미인 뒤뜰이 나온다. 고인이 손수 가꾸었다는 참나무, 모과
나무, 산수유, 목련, 매화, 들국화 등 우리 산하에서 자라는 친근하고
소박한 종류의 나무와 꽃, 풀들로 이루어진 뒤뜰은 작은 숲속처럼 풍
성한 녹음을 드리운다. 나무와 화초 사이의 문인석과 일그러진 돌확,
괴석, 해학적인 벅수까지 다양한 종류의 점경물과 완벽한 조화를 이
루며, 작지만 자연미가 있어 사색의 공간으로 충분한 선비의 정원이
다. 혜곡 최순우는 "자연의 아름다움이 결코 큰 덩치에만 있는 것은
아니다. 뜰 앞 잔가지에 구슬진 영롱한 아침 이슬, 차분히 비에 젖은
낙엽, 서리 찬 겨울 달밤 빈 숲 잔가지에 쏟아지는 달빛의 미를 갈피
갈피 느끼는 것이 세상을 살아가는 즐거움"이라고 했다. 말 그대로 이
곳 정원의 특색은 한옥의 실내공간에서 창호를 통해 바라보는 외부공
간의 다양한 시점 변화와 그 시선이 머무는 곳을 아름답게 꾸민 것이
다. 실내외 공간 곳곳에 미학 개념을 표출하여 일반적인 개량한옥과
많은 차별성을 보여주는 선비의 아름다운 정원이다.

주요 나무와 야생화 MAJOR TREE & WILD FLOWER

감나무 봄, 5~6월, 노란색
경기도 이남에서 과수로 널리 심으며 수피는 회흑갈색이
고 열매는 10월에 주황색으로 익는다.

노랑해당화 봄, 5월, 노란색
높이 2~3m, 꽃은 지름 4~5cm로 황색이고 짧은 가지
끝에 1개씩 피고 화경에 털이 없으며 꽃받침이 둥글다.

매화나무 봄, 2~4월, 흰색·담홍색
잎보다 먼저 피는 꽃이 매화이고 열매는 식용으로 많이
쓰는 매실이다. 상용 또는 과수로 심는다.

맥문동 여름, 6~8월, 자주색
짧고 굵은 뿌리줄기에서 잎이 모여 포기를 형성하고 줄
기는 곧게 서며 높이 20~50cm이다.

명자나무 봄, 4~5월, 붉은색
정원에 심기 알맞은 나무로 여름에 열리는 열매는 탐스
럽고 아름다우며 향기가 좋다.

모란 봄, 5월, 붉은색
목단(牧丹)이라고도 한다. 꽃은 지름 15cm 이상으로 크
기가 커서 화왕으로 불리기도 한다.

바위취 봄, 5월, 흰색
햇빛이 없는 곳에서도 잘 자라며 돌계단, 축대 사이에 심
으면 봄에 하얀 꽃을 볼 수 있다.

벌개미취 여름~가을, 6~9월, 자주색
뿌리에 달린 잎은 꽃이 필 때 진다. 꽃은 군락을 이루면
개화기도 길어 훌륭한 경관을 제공한다.

산국 가을, 9~10월, 노란색
높이 1m로 들국화의 한 종류로서 '개국화'라고도 한다.
흔히 재배하는 국화의 조상이다.

산사나무 봄, 5월, 흰색
9~10월에 지름 1.5cm 정도의 둥근 이과가 달려 붉게
익는데 끝에 꽃받침이 남아 있고 흰색의 반점이 있다.

산수국 여름, 7~8월, 흰색·하늘색
낙엽관목으로 높이 약 1m이며 작은 가지에 털이 나고
꽃은 가지 끝에 산방꽃차례로 달린다.

산수유 봄, 3~4월, 노란색
봄을 여는 노란색 꽃은 잎보다 먼저 피는데 짧은 가지 끝
에 산형꽃차례로 20~30개가 모인다.

옥잠화 여름~가을, 8~9월, 흰색
꽃은 총상 모양이고 화관은 깔때기처럼 끝이 퍼진다. 저
녁에 꽃이 피고 다음 날 아침에 시든다.

자목련 봄, 4월, 자주색
꽃은 잎보다 먼저 피고 꽃잎은 6개로 꽃잎의 겉은 짙은
자주색이며 안쪽은 연한 자주색이다.

조릿대 여름, 4월, 검자주색
높이 1~2m로 껍질은 2~3년간 떨어지지 않고 4년째
잎집 모양의 잎이 벗겨지면서 없어진다.

진달래 봄, 4~5월, 붉은색
진달래의 붉은색이 두견새가 밤새 울어 피를 토한 것이
라는 전설 때문에 두견화라고도 한다.

조경 도면 LANDSCAPE DRAWING

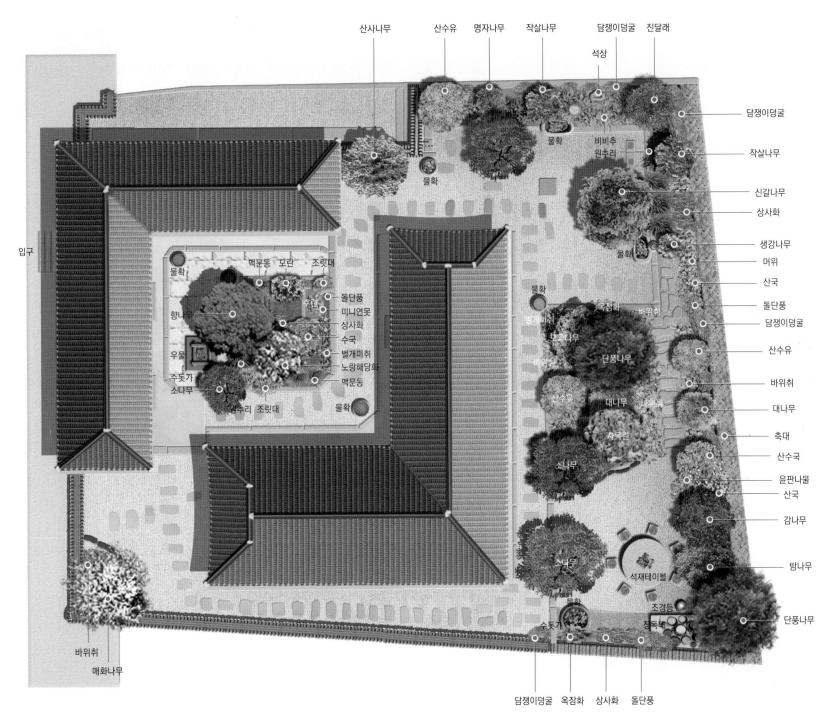

산사나무
산수유
명자나무
작살나무
담쟁이덩굴
진달래
석상

담쟁이덩굴
작살나무
신갈나무
상사화
생강나무
머위
산국
돌단풍
담쟁이덩굴
산수유
바위취
대나무
축대
산수국
윤판나물
산국
감나무
밤나무
단풍나무

입구

물확
비비추
물확
비비추
원추리
물확

맥문동
모란
조릿대
수련
돌단풍
미니연못
상사화
수국
별개미취
노랑해당화
맥문동
옥잠화
바위취
물확
별개비취
보리나무
바위취
단풍나무
산수유
대나무
바위취
자목련
소나무

향나무

우물
수돗가
소나무
원추리
조릿대
물확

소나무

석재테이블

물확
조경등
수돗가
장독대

바위취
매화나무

담쟁이덩굴
옥잠화
상사화
돌단풍

01_ 화단은 향나무, 노랑해당화, 모란, 수국, 조릿대, 옥잠화 등 우리 주변에서 흔히 볼 수 있는 식물들로 구성되어 있어 친근감을 준다.
02_ 화단 앞에서 시선을 끄는 수고(樹高) 7m의 노거수 향나무가 옛집의 상징처럼 위용있게 서 있다.
03_ 튼 ㅁ자 형태의 안마당 중앙에 수목과 석조로 꾸민 정방형의 아담한 화단과 우물이 채와 채 사이의 시선을 차단해주는 가림 역할을 한다.

01

02

03

04_ 안채 측면과 후원의 바닥은 자연의 흙을 있는 그대로
두고 보폭에 맞추어 디딤돌을 놓아 동선을 연결했다.
06_ 안채 남쪽에 설치된 쪽마루는 실내공간과 후원을 연결
하는 전이공간으로 편안한 휴식공간을 제공한다.
06_ 안마당은 각 경계를 구분하는 장대석과 황토 바름 마감,
박석 포장, 마사토, 화단 등 다양한 요소들로 이루어져 있다.

01, 02_ 뒤뜰에는 기증을 받거나 수습해 온 약연, 물확 등 다양한 석물들이 수목 사이사이에 배치되어 완벽한 조화를 이룬다.

03_ 나무와 풀들이 군락을 이루고 그 사이로 오랜 석상이 굳건히 자리를 잡았다.

04_ 다양한 종류의 점경물과 조화를 이룬 뒤뜰, 작지만 자연의 아름다움을 만끽할 수 있는 사색의 공간이다.

05_ 대지의 남쪽으로는 작은 숲을 방불케 한 만큼 다양한 수종의 수목들이 128.5㎡ 규모의 후원을 풍성하게 채우고 있다.

06_ 최순우 선생이 직접 가꾸었던 뒤뜰은 가장 포근하고 조용한 사색의 공간이다.

01_ 요소요소에 다양한 전통 석조물들을 조화롭게 배치하여 조경예술의 미를 표출한 것이 옛집의 특징 중 하나이다.
02_ 생강나무 아래에 곡물을 빻는 돌확을 놓아 작은 수공간을 만들었다.
03_ 아담하지만 다양한 수목과 석조, 점경물로 전통조경의 아름다움을 선보이는 뒤뜰 전경.

04_ 대지 뒤쪽으로 경사지가 있음에도 불구하고 넓은 뒤뜰로 채광이 좋다. 안에서도
용자살 창호를 통해 계절의 시각 변화와 자연의 아름다움을 감상할 수 있다.
05, 06_ 석조 원형테이블과 의자가 놓여있는 후원의 쉼터.

석파랑을 대표하는 건축물은 너른 바위 위에 자리 잡은
흥선대원군이 아끼던 석파랑 별채이다.

19	1,102㎡ 333py

종로 석파랑

오랜 세월이 쌓인
고즈넉한 정원

위 치	서울시 종로구 홍지동 125
대 지 면 적	1,307㎡(395평)
조 경 면 적	1,102㎡(333평)
조경설계·시공	건축주 직영

인왕산의 깎아지른 듯한 산세가 멀지 않은 곳, 종로구 부암동 고갯마루와 세검정 사이를 지나다 보면 한눈에 지체 높은 사대부의 전통가옥이었음을 짐작케 하는 한옥 한 채, 바로 대원군의 별장이었던 석파정의 별당, 지금의 석파랑 별채가 보인다. 소전 손재형 선생이 1958년 부암동 산자락의 석파정 가운데 사랑채 부속 건물인 대원군 별장과 순정 황후인 순정효황후 윤씨의 옥인동 생가를 옮긴 후 30여 년에 걸쳐 덕수궁 돌담과 운현궁, 선희궁에서 헐린 재료들을 모아 지은 집이 현재의 석파랑이다. 석파랑은 옛 고택의 중후한 멋과 정원의 화사한 기운을 만끽하려 찾는 이가 적잖은데, 약 400년 된 회양목과 150년 된 감나무, 웅장한 만세문(萬歲門)이 상징처럼 자리한 아담하고 고즈넉한 정원이다. 만세문은 고종황제의 즉위를 기념해 경복궁에 세웠던 문으로 만세를 누리라는 의미로 무병장수와 만사형통을 기원한다. 주정원이 내려다보이는 너른 바위 위에 자리 잡은 석파랑 별채는 ㄱ자형 구조의 맞배지붕으로 원형 및 반원형의 창, 회색 전벽돌로 외벽을 쌓아 올린 이국적인 건축양식을 보인다. 당시 중국에서 들여온 호벽(胡壁)을 재현하고 입구에는 신라와 백제의 와당을 붙여 옛 한옥의 품위와 기품이 그대로 살아있다. 정원은 석파랑 본채인 문서루(聞犀樓)와 석파랑 별채를 잇는 계단 주변을 중심으로 조성되었다. 봄에는 철쭉과 진달래가 만개하고 가을에는 단풍나무와 감나무가 계절의 깊은 멋을 더한다. 정원을 가로질러 석파정 별당으로 오르는 계단에는 정원과 잘 어울리는 침목을 깔고 도로와 접한 돌담을 따라 대나무를 군식하여 정원의 운치를 더했다.

주요 나무와 야생화 MAJOR TREE & WILD FLOWER

감나무 봄, 5~6월, 노란색
경기도 이남에서 과수로 널리 심으며 수피는 회흑갈색이고 열매는 10월에 주황색으로 익는다.

구절초 여름~가을, 9~11월, 흰색 등
9개의 마디가 있고 음력 9월 9일에 채취하면 약효가 가장 좋다는 데서 구절초라는 이름이 생겼다.

능소화 여름, 7~9월, 주황색
옛날에는 능소화를 양반집 마당에만 심을 수 있었다 하여 '양반꽃'이라고 부르기도 한다.

댕강나무 봄, 5월, 흰색
엷은 홍색 꽃이 잎겨드랑이 또는 가지 끝에 두상으로 모여 한 꽃대에 3개씩 꽃이 달린다.

돌단풍 봄, 4~5월, 흰색
잎의 모양이 5~7개로 깊게 갈라진 단풍잎과 비슷하고 바위틈에서 자라 '돌단풍'이라고 한다.

맥문동 여름, 6~8월, 자주색
짧고 굵은 뿌리줄기에서 잎이 모여 포기를 형성하고 줄기는 곧게 서며 높이 20~50cm이다.

병꽃나무 봄, 5~6월, 노란색
우리나라에서만 자라는 특산 식물로 병 모양의 꽃이 노랗게 피었다가 점차 붉어지며 1~2개씩 달린다.

비비추 여름, 7~8월, 보라색
꽃은 한쪽으로 치우쳐서 총상으로 달리며 화관은 끝이 6개로 갈래 조각이 약간 뒤로 젖혀진다.

사철나무 여름, 6~7월, 연한 황록색
겨우살이나무, 동청목(冬靑木)이라고 한다. 추위에 강하고 사계절 푸르러 생울타리로 심는다.

산수국 여름, 7~8월, 흰색·하늘색
낙엽관목으로 높이 약 1m이며 작은 가지에 털이 나고 꽃은 가지 끝에 산방꽃차례로 달린다.

작약 봄~여름, 5~6월, 붉은색·흰색
높이 60cm 정도이고 꽃은 지름 10cm 정도로 1개가 피는데 크고 탐스러워 '함박꽃'이라고도 한다.

옥매 봄, 4~5월, 흰색
꽃잎이 여러 겹인 만첩 꽃이며 가지마다 겹꽃이 촘촘하게 달려 나무 전체가 꽃으로 뒤덮인 것처럼 보인다.

은행나무 봄, 4~5월, 녹색
열매가 살구와 비슷하다고 하여 살구 행(杏)자와 중과피가 희다 하여 은(銀)자를 합한 이름이다.

하늘매발톱 봄, 4~7월, 보라색·흰색 등
꽃이 하늘색인 하늘매발톱, 연한 황색인 노랑매발톱, 흰색인 흰하늘매발톱, 적갈색 매발톱꽃도 있다.

한련화 여름, 6~8월, 노란색 등
유럽에서는 승전화(勝戰花)라고 하며 덩굴성으로 깔때기 모양의 꽃과 방패 모양의 잎이 아름답다.

홍자단 봄~여름, 5~6월, 연홍색·흰색
고산지대에 자생하며 장미과의 낙엽 또는 반상록성 키 작은 나무로서 높이는 50cm이다.

조경 도면 LANDSCAPE DRAWING

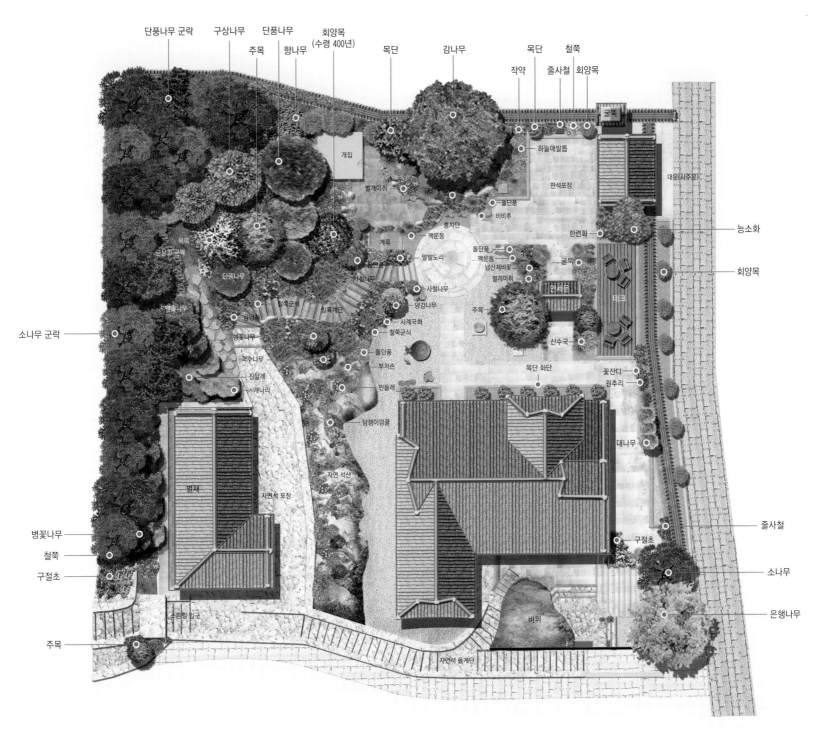

단풍나무 군락
구상나무
주목
향나무
회양목 (수령 400년)
단풍나무
목단
감나무
작약
목단
줄사철
철쭉
회양목
굴뚝
개집
대문(사주문)
하늘매발톱
판석포장
벌개미취
돌단풍
비비추
홍자단
한련화
능소화
계류
맥문동
말발도리
돌단풍
맥문동
굴뚝
회양목
옥매
금낭화군락
단풍나무
단풍나무
사철나무
남산제비꽃
벌개미취
데크
병꽃나무
철쭉군식
침목계단
사철나무
댕강나무
주목
만세문
소나무 군락
금낭화
병꽃나무
사계국화
철쭉군식
산수국
국수나무
돌단풍
부처손
진달래
개나리
민들레
목단 화단
꽃잔디
원추리
담쟁이덩굴
대나무
별채
자연석 포장
자연 석산
줄사철
구절초
병꽃나무
철쭉
구절초
소나무
소통합 입구
바위
은행나무
주목
자연석 돌계단

01_ 언덕에 자리한 석파랑 별채와 이탈리안 다이닝 스톤힐 입구까지 정교하게 쌓아 만든 자연석 석축과 계단이 독특한 멋을 보인다.
02_ 자연 그대로 훌륭한 조경석이 된 바위와 계단 주변으로 관목들을 심어 이른 봄에도 정원의 운치가 느껴진다.

03_ 정원을 가로질러 석파랑 별채로 오르는 길에 짜임새 있게 침목계단을
놓아 조화를 이루었다.

04_ 별채에서 내려다보면 또 다른 정원풍경이 입체적인 구성미를 보인다.

01_ 석파랑 별채 안에는 대원군이 난초를 칠 때만 사용했다던 대청 방과 손님 접대용 건넌방 등이 재현되어 있다.
02_ 바위 틈에서 철쭉과 건조한 환경에서도 잘 자라는 부처손, 돌나물 등이 자연스럽게 서식하며 자란다.

03_ 도심 속에 이런 곳이 있을까 할 정도의
급경사진 자연환경을 끼고 조성한 정원이라
자연미가 더욱 깊게 느껴진다.
04_ 150년을 넘게 한 자리를 지키며 버텨온
감나무가 가을 풍경의 운치를 더욱 깊게 한다.
05_ 너른 바위 위에 자리잡은 석파랑 별채는
오랜 세월 동안 모아온 재료를 이용하여 석축을
쌓고 담장을 둘러 보기드문 경관을 이룬다.

01_ 자연지형을 이용한 정원과 판석으로 짜임새 있게 디자인한 마당, 오랜 전통한옥의 기품이 어우러진 고풍스러운 분위기의 한옥 정원이다.

02_ '만세문'은 만사형통과 무병장수를 기원하는 의미를 담고 있다.
03_ 150년 된 감나무 주변에 자연석으로 테두리를 두른 화단이 눈길을 끈다.
04_ 장대석으로 화단을 두르고 야생화들로 단아한 화단을 꾸몄다.

01_ 문서루와 별채를 잇는 계단은 내구성이 있는 침목계단으로 만들고 주변에 낮은 관목 위주로 조경했다.

02_ 석파랑의 주 건물로 순종의 계비인 순정효황후 윤씨의 옥인동 생가를 옮겨온 건물이다. 건물 입구에는 신라와 백제의 와당이 붙어 있어 그 가치를 더한다.

03_ 쇠똥을 굴리는 쇠똥구리를 형상화한 특색 있는 조경 첨경물이다.
04_ 분에 담긴 싱그러운 하늘매발톱이 아름다운 자태를 뽐낸다.
05_ 대문 안으로 들어서면 동선을 따라 직선과 곡선으로 구성미 있게
디자인한 바닥 주변에 자연스러운 정원풍경이 펼쳐진다.

한옥 정원의 분위기에 맞추어 방형 연못과 정자, 우물, 낮은 와편담 등으로 조화를 이룬 정원 풍경이다.

917㎡
277 py

남원 예촌

예(禮)를 예술(藝術)로 승화시킨 정원

위 치	전라북도 남원시 광한북로 17
대 지 면 적	1,210㎡(366평)
조 경 면 적	917㎡(277평)
조경설계·시공	건축주 직영

남원의 대표 관광지인 광한루원과 이웃한 남원예촌은 넓은 공간에 말끔하게 지은 현대한옥과 조경이 어우러진 우아하고 고급스러운 분위기의 고품격 한옥호텔이다. 대목장을 비롯한 번와장, 토수 등 최고의 문화재 명장들이 옛 선조들의 지혜와 가치를 살리고 품격을 더하기 위해 오롯이 자연에서 얻은 귀한 재료들만으로 순수 고건축 방식을 따라 그대로 재현한 한옥이다. 공정마다 혼을 담아 오랜 기간 심혈을 기울여 완성한 작품인 만큼 백제, 고구려, 조선 건축의 백미가 고스란히 담겨 있는 명품 한옥으로 한국관광의 별로 선정되기도 했다. 남원예촌의 조경은 전체적으로 넓고 평평한 대지의 특성을 살려 판석으로 포장한 넓은 보도와 잔디밭을 중심으로 현대적으로 해석한 평면 기하학적 정형식으로 조성하였다. 곳곳에 낮은 와편담을 둘러 경계를 지었을 뿐, 채마다 시야를 넓게 열어 둠으로써 채와 채가 마주 보는 공간 속에서 정원의 풍경은 그림처럼 다가온다. 관리가 잘 안 되는 식물들은 배제하고 한옥에 어울리는 수종으로 담장 주변이나 요소요소에 적절한 규모로 조원함으로써 전체적인 조화를 끌어냈다. 백제시대 고유 건축법으로 지은 부용정(芙蓉亭)과 전통조경의 방지(方池) 형태를 취한 연못은 이곳에서 가장 멋진 건물로 고즈넉한 전통미를 자랑한다. 남원예촌의 정원 소개는 주로 이 연못이 위치한 정자동이 중심이 된다. 고즈넉한 여유를 느끼며 힐링하는 명품 한옥, 머무는 곳마다 한국 전통의 예(禮)가 예술(藝術)로 승화된 남원예촌에서 빗소리, 바람 소리를 온전히 느끼며, 느림의 미학으로 비움과 사색의 시간을 보내면서 한옥의 운치를 느껴보는 것도 좋은 추억이 될 것이다.

주요 나무와 야생화 MAJOR TREE & WILD FLOWER

꽃잔디 봄~여름, 4~9월, 진분홍·보라·흰색
멀리서 보면 잔디 같지만, 아름다운 꽃이 피기 때문에 '꽃잔디'라고도 하며, '지면패랭이꽃'이라고도 한다.

남천 여름, 6~7월, 흰색
과실은 구형이며 10월에 붉게 익는다. 단풍과 열매도 일품이어서 관상용으로 많이 심는다.

노랑꽃창포 봄, 5~6월, 노란색
꽃의 외화피는 3개로 넓은 달걀 모양이고 밑으로 처지며, 내화피는 3개이며 긴 타원형이다.

대나무 여름, 6~7월, 붉은색
줄기는 원통형이고 가운데가 비었다. '매난국죽(梅蘭菊竹)', 사군자 중 하나로 즐겨 심었다.

동백나무 봄, 12~4월, 붉은색
5~7개의 꽃잎은 비스듬히 퍼지고 수술은 많으며 꽃잎에 붙어서 떨어질 때 함께 떨어진다.

매화나무 봄, 2~4월, 흰색 등
잎보다 먼저 피는 꽃이 매화이고 열매는 식용으로 많이 쓰는 매실이다. 상용 또는 과수로 심는다.

맥문동 여름, 6~8월, 자주색
꽃이 아름다운 지피류로 그늘진 음지에서 잘 자라 최근에 하부식재로 많이 심는다.

목련 봄, 3~4월, 흰색
이른 봄 굵직하게 피는 흰 꽃송이가 탐스럽고 향기가 강하고 내한성과 내공해성이 좋은 편이다.

배롱나무/백일홍/간지럼나무 여름, 7~9월, 붉은색 등
100일 동안 꽃이 피어 '백일홍' 또는 나무껍질을 손으로 긁으면 잎이 움직인다고 하여 '간지럼나무'라고도 한다.

분홍세덤 봄~가을, 3~11월, 분홍색
초장은 5~10㎝ 정도로 자라면 잎의 관상 가치가 높다. 가을에 잎에 드는 붉은 단풍은 꽃이 피어 있는 듯 보인다.

수국 여름, 6~7월, 자주색 등
중성화(中性花)인 꽃의 가지 끝에 달린 산방꽃차례는 둥근 공 모양이며 지름은 10~15cm이다.

은목서 가을, 10월, 흰색
잎은 잔 톱니가 있고 잎맥이 도드라지고 잎겨드랑이에 자잘한 흰색 꽃이 모여 달리는데 향기가 강하다.

작약 봄~여름, 5~6월, 흰색 등
높이 60cm 정도이고 꽃은 지름 10cm 정도로 1개가 피는데 크고 탐스러워 '함박꽃'이라고도 한다.

중국단풍 봄, 4~5월, 노란색
잎은 밑이 둥글며 가장자리가 거의 밋밋하고 끝이 3개로 갈라지며 갈라진 조각은 3각형이다.

팽나무 봄, 4~5월, 녹색
줄기가 곧게 서며 높이 20m로 마을 근처의 평지에서 옛날부터 방풍림이나 녹음을 위해 심었다.

홍가시나무 봄~여름, 5~6월, 흰색
정원이나 화단에 심어 기르는 상록성 작은 키 나무로 잎이 날 때 붉은색을 띠므로 홍가시나무라고 한다.

조경 도면 LANDSCAPE DRAWING

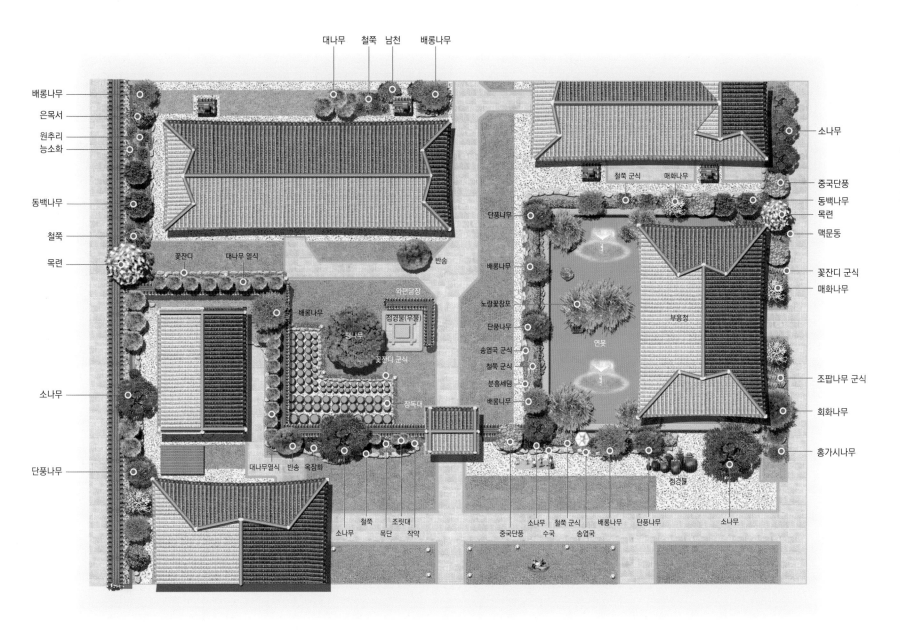

대나무   철쭉   남천   배롱나무

배롱나무
은목서
원추리
능소화

동백나무

철쭉

목련

소나무

단풍나무

소나무

중국단풍
동백나무
목련
맥문동

꽃잔디 군식
매화나무

조팝나무 군식

회화나무

홍가시나무

철쭉 군식   매화나무

꽃잔디   대나무 열식

반송

단풍나무

배롱나무

노랑꽃창포

단풍나무

송엽국 군식

철쭉 군식

분홍세덤

배롱나무

와편담장

점경물(우물)

배롱나무

팽나무

꽃잔디 군식

장독대

부용정

연못

대나무열식   반송   옥잠화

소나무   철쭉   조릿대
목단   작약

중국단풍   소나무   철쭉 군식   배롱나무   단풍나무   소나무
수국   송엽국

점경물

(부용정 연못 중심의 주변 조경)

01_ 소나무, 배롱나무, 단풍나무, 팽나무 등 한옥과 어울리는 교목을 요점식재하고 그 사이사이를 철쭉과 야생화로 연출했다.
02_ 연못 안 석축을 장대석으로 마감하여 정제미와 위계성을 높였다.
03_ 우리나라의 보호수로 지정된 나무 중 느티나무 다음으로 많은 팽나무가 우물 옆에 자리 잡았다. 오랜 세월이 지나면 이곳의 역사성을 대변할 수종이다.

04_ 가지런히 놓인 넓은 장독대가 특색있는 한옥조경의 점경물이 되었다.
05_ 담장 벽은 와편으로 위는 암키와와 수키와로 격조 있게 모양을 낸 낮은 담장이다.
06_ 대나무를 이용하여 병풍 형태의 생울타리인 취병을 만들어 차폐했다.

01

01_ 부용정은 백제시대 고유의 건축공법으로 지은 고즈넉한 멋을 지닌 정자이다.
02_ 한쪽은 자연석을 쌓아서 자연스럽게 연출하고, 다른 한쪽은 방형으로 화단을
조성하여 조화를 이룬 부용정 주변의 조경이다.

02

03_ 말끔하게 포장된 길을 따라 사주문이 있다. 이 사주문을 중심으로 공공시설과 개인 공간이 나뉜다.

04_ 자연석으로 화단을 꾸미고 소나무 밑에는 조릿대와 작약, 영산홍을 심어 꾸몄다.

05_ 최고의 명장들이 우리나라 자생종인 적송과 육송으로 골조를 세우고 남원의 옻칠로 마감하여 완성한 전통한옥과 어울림 마당이다.

06_ 바닥은 잔디와 판석 포장으로 세련된 도형미를 살리고, 와편담장 주변으로 간결하게 화단을 꾸미며 전체적으로 탁 트인 시원한 공간감을 부여한 마당이다.

01_ 남원 여행하면 가장 먼저 떠오르는 광한루원, 바로 그 옆에 자리한 남원예촌은 한국관광의 별로 선정된 명품 한옥호텔이다.

02_ 와편담장 앞에는 고무줄놀이와 공기놀이 모형이 전시되어 있어 볼거리를 제공한다.

03_ 여유로운 뒤뜰에 설치한 전축굴뚝과 수형이 잘 잡힌 소나무의 어울림이 돋보인다.

04_ 공공의 성격이 강한 한옥이므로 동선에는 영구적인 화강석이나 현무암을 이용한 박석(薄石) 포장재를 주로 사용하였다.

05_ 한옥 뒤뜰에는 낮은 와편담장 안에 조원이 시원스럽게 펼쳐져 있다.

01_ 광한루원에서 바라본 모습으로 대나무 사이로 토석담과
남원예촌의 한옥이 보인다.

02_ 와편담장에 이어 전벽돌을 쌓고 기와를 얹어 만든
주차장 입구의 문주가 한옥호텔의 분위기를 더해준다.

03_ 위용 있어 보이는 솟을대문의 긴 담장을 따라 조성한
화단에 곱게 핀 꽃잔디 무리가 행인들의 눈길을 끈다.

04_ ㅅ자형의 화반에 평난간을 두른 정자의 기둥 사이로
한옥 풍경이 병풍처럼 펼쳐져 있다.

05_ 기와를 얹은 토석담과 돌담으로 변화를 주고, 담장에
맞추어 화단의 분위기도 서로 다른 느낌으로 변화감 있게
연출했다.

한옥스테이를 체험할 수 있는 펜션과 카페가 있고 자연환경이
잘 보존된 계룡산 동월계곡 끝자락에 있는 한옥 리조트이다.

1,653㎡
500 py

공주 전통한옥체험 펜션 '솔향'

자연의 품에 들어앉은
계곡 정원

위 치	충청남도 공주시 반포면 동월1길 268-6
대 지 면 적	11,240㎡(3,400평)
조 경 면 적	1,653㎡(500평)
조경설계·시공	건축주 직영

'솔향'은 산 좋고 물 좋기로 유명한 계룡산에서도 자연환경이 잘 보전
된 동월계곡 끝자락에 자리한 보기 드문 한옥 펜션이다. 한옥의 뼈대
로 쓴 구조재는 강원도 홍송과 금강송으로 말리는 데만 6년, 자재를
준비하여 완공까지 십여 년의 긴 시간을 보내며 정성스럽게 준비했
다. 경제성이나 효율성을 따진다면 하기 힘든 일이지만, 오랫동안 한
옥 일에 전념해온 건축주의 숙원과 끈기 있는 노력으로 마침내 결실
을 보게 된 것이다. 이곳 조경의 전체적인 디자인 콘셉트는 동월계곡
을 키포인트로 하여 시원한 물줄기가 흘러내리는 개울과 연못을 부각
하고, 자연 지형과 입지 조건의 이점을 최대한 살려 어디서든 자연풍
광을 마음껏 즐길 수 있도록 하는 것이었다. 이것은 한국 전통조경 특
징의 하나로 자연풍경식 즉, 자연을 그대로 받아들이고 인간이 자연
에 동화되는 정원이다. 바위, 나무, 물 등 주변의 빼어난 자연 요소와
풍광을 최대한 살리기 위해 정원 안의 수고는 가능한 낮추어 자연의
모습을 담아내려 했다. 한옥의 채와 채를 연결하는 침목계단과 현무
암 디딤돌은 직선과 곡선으로 변화를 주어 지형에 맞추어 리드미컬하
게 디자인하여 율동미를 살렸다. 도로, 채와 채 사이의 경계는 수형이
아름다운 원추형 에메랄드골드로 나지막한 생울타리를 만들고, 계곡
물이 흘러내리는 개울 위에 다리를 놓아 이동의 편리성과 함께 정원
의 경관을 한층 더 고조시켰다. 마치 하나의 작은 한옥마을을 연상케
하는 한옥펜션 솔향, 조용하고 풀 내음 가득한 쉼터에서 맑은 공기를
마시며 계룡산의 풍광을 감상하고 있노라면, 어느새 자연과 물아일체
가 되는 기분을 느끼게 해주는 아름다운 산속 정원이다.

주요 나무와 야생화 MAJOR TREE & WILD FLOWER

금송 봄, 3~4월, 연노란색
잎 양면에 홈이 나 있는 황금색으로 마디에 15~40개의
잎이 돌려나서 거꾸로 된 우산 모양이 된다.

꽃잔디 봄~여름, 4~9월, 진분홍·보라·흰색
멀리서 보면 잔디 같지만, 아름다운 꽃이 피기 때문에 '꽃
잔디'라고도 하며, '지면패랭이꽃'이라고도 한다.

끈끈이대나물 여름, 6~8월, 붉은색
2년초로 윗부분의 마디 밑에서 점액이 분비된다. 이 때
문에 '끈끈이대나물'이라 이름이 붙여졌다.

낮달맞이 봄~여름, 5~9월, 분홍색
남미 칠레가 원산이며 키는 20~80cm로 달맞이와 달리
낮에 꽃이 피어서 낮달맞이라고 한다.

매화나무 봄, 2~4월, 흰색
잎보다 먼저 피는 꽃이 매화이고 열매는 식용으로 많이
쓰는 매실이다. 상용 또는 과수로 심는다.

모과나무 봄, 5월, 분홍색
울퉁불퉁하게 생긴 타원형 열매는 9월에 황색으로 익고
향기가 좋으며 신맛이 강하다.

배롱나무/백일홍/간지럼나무 여름, 7~9월, 붉은색 등
100일 동안 꽃이 피어 '백일홍' 또는 나무껍질을 손으로
긁으면 잎이 움직인다고 하여 '간지럼나무'라고도 한다.

봉숭아 여름, 6~8월, 붉은색 등
봉황의 모습을 닮아서 '봉선화'라고도 한다. 옛날부터 부
녀자들이 손톱을 물들이는 데 사용했다.

불두화 여름, 5~6월, 연초록색·흰색
꽃의 모양이 부처의 머리처럼 곱슬곱슬하고 4월 초파일
을 전후해 꽃이 만발하므로 불두화라고 부른다.

섬초롱꽃 여름~가을, 6~9월, 자주색
한번 심으면 땅속줄기가 반영구적으로 증식하므로 도로
변이나 공원 등 공공시설에 심어 조경한다.

소사나무 봄, 5월, 연한 녹황색
잎은 어긋나고, 달걀모양이며 길이 2~5cm로 작고 가장
자리에 겹톱니가 있고 측맥은 10~12쌍이다.

양귀비 봄~여름, 5~6월, 백색·적색 등
동유럽이 원산지로 줄기의 높이는 50~150cm이고 약
용, 관상용으로 재배하고 있다.

에메랄드골드 봄, 4~5월, 노란색
서양측백의 일종으로 황금색의 잎과 가지가 조밀하고 원
추형의 수형이 아름다운 수종이다.

참나리 여름~가을, 7~8월, 주황색
꽃은 붉은색 바탕에 검은빛이 도는 자주색 점이 많으며
4~20개가 밑을 향하여 달린다.

팬지 봄, 2~5월, 노란색·자주색 등
2년초로서 유럽에서 관상용으로 들여와 전국 각지에서
관상초로 심고 있는 귀화식물이다.

황매화 봄, 4~5월, 노란색
높이 2m 내외로 가지가 갈라지고 털이 없으며 꽃은 잎
과 같이 잔가지 끝마다 노란색 꽃이 핀다.

조경 도면 LANDSCAPE DRAWING

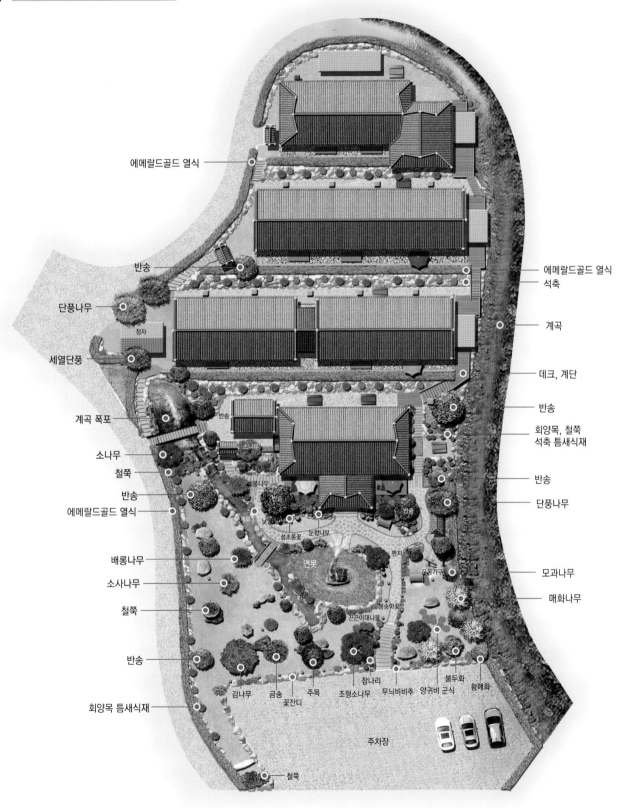

에메랄드골드 열식

반송

단풍나무

정자

세열단풍

계곡 폭포

소나무

철쭉

반송

에메랄드골드 열식

배롱나무

소사나무

철쭉

반송

회양목 틈새식재

에메랄드골드 열식
석축

계곡

데크, 계단

반송

회양목, 철쭉
석축 틈새식재

반송

단풍나무

모과나무

매화나무

반송

소나무

배롱나무

반송

섬초롱꽃

둔향나무

계류

낮달맞이

연못

팬지

웅덩가구

명숭아꽃

끈끈이대나물

감나무

금송

꽃잔디

주목

조형소나무

참나리

무늬비비추

양귀비 군식

불두화

황매화

주차장

철쭉

01_ 넓고 나지막하게 펼쳐진 전면의 조경과 배경 산자락이 일체감을
이룬 조용하고 아늑한 펜션 풍경이다.
02_ 드론 촬영한 장면으로 한옥카페와 여러 동의 펜션 채를 중심으로
계곡의 낙차를 이용해 조성한 개울의 물줄기가 시원스럽다.

03_ 진입 계단 옆에 손님을 맞이하듯 요점식재한 키 큰 소나무는 풍광을 고려해 시원한 전지작업으로 시야를 확보했다.

04_ 낮은 눈향나무와 관목, 자생식물류, 항아리, 기와 등 전통요소와 조화를 이루어 연출한 화단이다.

05_ 수목 간의 여유로운 공간을 두고 잔디를 조성한 넓은 정원이 있는 '솔향'은 커피 한 잔의 여유를 즐기며 힐링하기에 좋은 곳이다.

06_ 진입로와 채와 채를 잇는 계단은 주로 침목을 이용하여 자연스럽게 구성하였다.

01_ 자연석으로 만든 연못에 물레방아와 잉어 분수를 설치해 특색을 살렸다.
02_ 개울 위로 구름다리를 놓아 도로에서 펜션동으로 진입할 수 있도록 편리성과
함께 정원의 구성미도 한층 높였다.

03_ 개울 옆의 침목계단을 오르면 펜션동으로 드나들 수 있는 일각문으로 이어진다.
04_ 산책로 옆 계곡을 따라 자연석으로 낙차를 주어 만든 시원스러운 개울은 이 정원의 키 포인트다.
05_ 정원 곳곳에 그네와 벤치, 운동 및 놀이기구를 설치해 정원 산책을 하면서 쉴 수 있는 공간을 마련하였다.

01_ 정원은 '솔향'이라는 이름처럼 맑은 공기와 주변의 소나무 향으로 가득하다.
02_ 자연석을 이어 붙여 만든 작품으로 독특한 조형미가 돋보이는 석등이다.
03_ 경사 지형을 활용한 수직적인 공간 구분으로 조경과 경관을 확보하였다.
04_ 직선과 곡선, 나무와 돌로 조화롭게 디자인한 정원의 이동로이다.

05_ 경사지를 따라 계단식으로 배치한 펜션의 측면이다.
06_ 잎과 가지가 조밀하고 수형이 아름다운 원추형 에메랄드골드로 나지막하게 조성한 도로변의 생울타리.
07_ 방이 길게 배치된 행랑채와 같은 구조로, 객실마다 개방된 공간의 쪽마루가 있어 계룡산의 좋은 경치를 마음껏 감상할 수 있다.

정원의 백미를 장식한 관정헌을 중심으로 주변과 절묘한 조화를 이룬 상생의 풍경, 심산유곡의 절경을 재현한 전통조경이다.

의령 이종환생가

심산유곡 절경을 재현한 전통정원

위　　　　치	경상남도 의령군 용덕면 정동리 531
대 지 면 적	3,850㎡(1,165평)
조 경 면 적	3,796㎡(1,148평)
조경설계·시공	청람조경

한국의 '기부왕'으로 알려진 관정 이종환 회장의 생가, 전통 사대부 가옥 형태를 갖춘 이곳의 전통문화 공간은 6,062㎡(1,834평)의 대지에 관정 생가, 전통정원, 주차장 등 3개 권역으로 나누어져 있다. 특히 생가 앞에 한 폭의 그림처럼 펼쳐진 넓은 정원은 국내 최대 규모의 민간 전통정원으로 매우 인상적이다. 한국 대자연의 심산유곡 절경을 사실적으로 재현한 정원은 인공섬과 정자 관정헌(冠廷軒)을 중심으로 넓게 만든 생태연못, 삼신산(三神山)을 본뜬 3개의 가산(假山), 인공폭포와 정자를 연결하는 홍예교로 이루어져 있으며, 국내 최고 수준의 조경으로 평가받고 있다. 상생의 풍경을 도모하고 절묘하게 조화를 이룬 이 정원의 백미, 관정헌은 창덕궁 후원 내에 있는 부용정을 본떠 지은 정자로 안에서 문을 들어 올리면 마치 물 위에 떠 있는 듯한 기분이 든다. 좋은 정원의 조건이라면 광대함, 고요함, 기교, 고색창연함, 수로, 조망 6가지를 들 수 있는데, 이런 조건들을 두루 갖추기란 쉽지 않다. 광대하고 넓은 모습을 표현하자면 정적과 깊이가 적어지고, 사람의 손이 자주 닿는 곳은 고색창연함이 부족하며, 폭포나 연못 등이 많으면 멀리 바라보는 조망감을 잃기 쉽다. 그러나 전문가의 의견을 구하고, 국내는 물론 해외 명소를 직접 돌아보며 조경의 좋은 조건을 두루 갖춘 독창적이면서도 현대적인 전통문화 정원을 구현해냈다. "이 세상에 태어나 만수유 하였으니 공수거 하리라."는 이종환 회장의 말처럼, 인재육성을 위해 가진 것을 아낌없이 다 내놓은 기부왕의 넉넉한 마음을 아는 듯, 관정헌 연못에서 한가로이 노니는 물고기들의 모습이 그저 평화롭고 여유로워만 보이는 아름답고 깊이 있는 전통정원이다.

주요 나무와 야생화 MAJOR TREE & WILD FLOWER

감나무 봄, 5~6월, 노란색
경기도 이남에서 과수로 널리 심으며 수피는 회흑갈색이
고 열매는 10월에 주황색으로 익는다.

고광나무 봄~여름, 4~6월, 흰색
꽃의 지름은 3~3.5cm로 향기가 있고 차폐용이나 큰 나
무의 하목으로 심으면 복층 미가 있다.

공작단풍/세열단풍 봄, 5월, 붉은색
잎이 7~11개로 갈라지고 갈라진 조각이 다시 갈라지며
잎은 가을에 붉은 빛깔로 물든다.

꽃창포 여름, 6~7월, 자주색
높이가 60~120cm로 줄기는 곧게 서고 줄기나 가지 끝
에 붉은빛이 강한 자주색의 꽃이 핀다.

눈향나무 봄, 4~5월, 노란색
원줄기가 비스듬히 서거나 땅을 기며 퍼진다. 향나무와
비슷하나 옆으로 자라 가지가 꾸불꾸불하다.

단풍나무 봄, 5월, 붉은색
10m 정도의 높이로 껍질은 옅은 회갈색이고 잎은 마주
나고 손바닥 모양으로 5~7개로 깊게 갈라진다.

동백나무 봄, 12~4월, 붉은색
5~7개의 꽃잎은 비스듬히 퍼지고 수술은 많으며 꽃잎에
붙어서 떨어질 때 함께 떨어진다.

모과나무 봄, 5월, 분홍색
울퉁불퉁하게 생긴 타원형 열매는 9월에 황색으로 익고
향기가 좋으며 신맛이 강하다.

배롱나무/백일홍/간지럼나무 여름, 7~9월, 붉은색 등
100일 동안 꽃이 피어 '백일홍' 또는 나무껍질을 손으로
긁으면 잎이 움직인다고 하여 '간지럼나무'라고도 한다.

보리수나무 봄, 5~6월, 흰색
꽃은 처음에는 흰색이다가 연한 노란색으로 변하며
1~7개가 산형(傘形)꽃차례로 달린다.

섬잣나무 봄, 5~6월, 노란색·연녹색
잎은 길이가 3.5~6cm인 침형(針形)으로 5개씩 모여 달
려 오엽송(五葉松)이라고도 부른다.

송엽국 봄~여름, 4~6월, 자홍색 등
줄기는 밑 부분이 나무처럼 단단하고 옆으로 벋으면서
뿌리를 내리며 빠르게 번식한다.

참나리 여름~가을, 7~8월, 주황색
꽃은 붉은색 바탕에 검은빛이 도는 자주색 점이 많으며
4~20개가 밑을 향하여 달린다.

청단풍 봄, 5월, 붉은색
잎은 5~7개가 마주나고 가을에 짙은 붉은색 단풍이 드
는 것을 제외하고 잎은 항상 녹색을 띤다.

화살나무 봄, 5월, 녹색
많은 줄기에 많은 가지가 갈라지고 가지에는 화살의 날
개 모양을 띤 코르크질이 2~4줄이 생겨난다.

황금실향나무 봄, 4월, 노란색
사계절 내내 푸르고 가는 부드러운 잎이 특징으로 실과
같이 가는 황금색 잎이 밑으로 처진다.

조경 도면 LANDSCAPE DRAWING

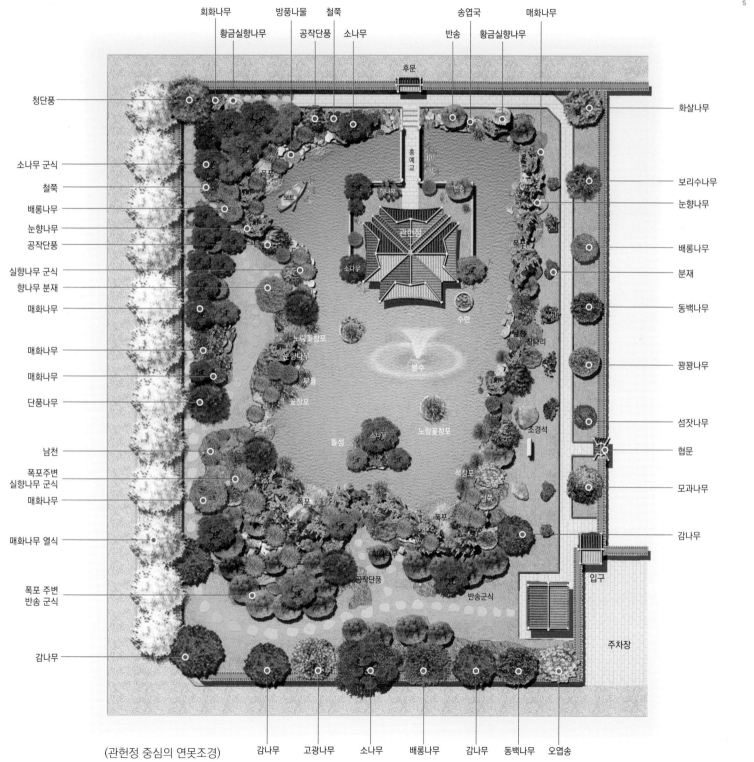

회화나무
황금실향나무
방풍나물
공작단풍
철쭉
소나무
송엽국
반송
황금실향나무
매화나무

후문

청단풍
소나무 군식
철쭉
배롱나무
눈향나무
공작단풍
실향나무 군식
향나무 분재
매화나무
매화나무
매화나무
단풍나무
남천
폭포주변 실향나무 군식
매화나무
매화나무 열식
폭포 주변 반송 군식
감나무

홍예교
보트
폭포
향나무
반송
관헌정
소나무
수련
노당꽃창포
눈향나무
부들
꽃창포
돌섬
소나무
노랑꽃창포
분수
남천
참나리
조경석
폭포
석창포
철쭉
폭포
폭포
회화나무
공작단풍
반송군식
입구
주차장

화살나무
보리수나무
눈향나무
배롱나무
분재
동백나무
꽝꽝나무
섬잣나무
협문
모과나무
감나무

(관헌정 중심의 연못조경)
감나무
고광나무
소나무
배롱나무
감나무
동백나무
오엽송

01_ 6,062㎡(1,834평)의 넓은 대지에 관정 생가, 전통정원, 주차장 등 3개 권역으로 나누어 배치하고 건축물은 전통한옥에 현대기법을 접목하여 완성하였다.

02_ 들어걸개문을 걸쇠에 걸어 열어젖히면 정원의 연못과 심산유곡의 절경이 문얼굴에 가득하다.

03_ 장대석으로 석축을 쌓아 만든 장방형의 인공섬을 연결하는 홍예교이다.

04_ 십(十)자 모양의 정자는 건물의 반을 연못 안으로 들여 지어 마치 물 위에 떠 있는 듯한 기분이 든다.

05_ 창덕궁 부용정을 떠올리게 하는 관정헌은 한옥의 건축미와 더불어 전통정원의 아름다운 면모를 유감없이 드러내며 보는 이들의 찬사를 받고 있다.

01_ 자연과 교감하는 한국 건축물의 미학을 잘
구현해낸 깊이 있는 정원이다.
02_ 한국적 대자연의 심산유곡 절경을 사실적으로
재현한 최고 수준의 정원이다.

03_ 정자 앞으로 돌출한 누대를 떠받치는 4개의 장주초석이 연못에 잠겨 있다.
04_ 연못 가장자리에 자연석으로 석가산을 만들고 바위틈에 낮은 관목들을 심어 대자연의 풍광을 연출했다.
05_ 넓은 연못 주변에 조성한 석가산은 마치 대자연을 옮겨 놓은 듯한 하나의 거대한 석부작이다.

01

02

01_ 석가산(假山)에 인공폭포를 만들고 주로 키가 작은 반송과 눈향나무로
대자연의 풍광을 사실적으로 표현해낸 아름다운 전통정원이다.
02_ 세월만큼이나 굴곡진 사간형 향나무가 전통정원의 깊은 멋과 기품을 더한다.
03_ 반원형으로 홍예를 틀고 그 위에 상판을 깐 홍예교가 관정 생가와 인공섬을
연결한다.
04_ 연못에 놓인 3개의 수조에는 다양한 수생식물들이 자라고 있다.
05_ 전통정원의 주요 정원수는 단연코 소나무다. 곳곳에 나지막한 분재형
소나무를 심어 정원의 깊이를 더하며 사철 푸른 아름다움을 유지한다.

01_ 사랑채에서 안채로 드나드는 중문 옆에 수형이 아름답고 수령이 300년이나 된 노거수 향나무가 기품있게 자리잡고 있다.
02_ 홍예교 양 끝부분에 무게감 있게 석주를 세우고 해태상을 올려 장식했다.
03_ 동선 좌·우측에 간격을 두고 낮은 관목과 대형 분재들을 배식하여 마치 분재정원 같은 분위기가 느껴지는 정원이다.

04_ 사랑채와 전통정원 사이에는 경복궁에 있는 만세문을 떠올리게 하는 출입문과 와편으로 문양을 넣어 전통 방식으로 축조한 와편담장이 있다.

투명 유리난간을 통해 한옥마을과 북한산 자락이 자연스럽게 이어지는 확장효과로 탁 트인 조망감을 자랑하는 옥상정원이다.

23 | 88 m² / 27 py

은평 한옥마을 1人

북한산 차경과 어우러진 옥상 한옥정원

위 치	서울시 은평구 연서로 534
대 지 면 적	330㎡(100평)
조 경 면 적	88㎡(27평)
조경설계·시공	솔조경

1人은 은평한옥마을 초입에 있는 5층 현대식 건물로 1인1잔 카페, 1인1상 레스토랑, 가구 전시장 등 한식으로 꾸민 격조 있는 실내를 비롯하여 이곳만의 특별한 공간인 옥상정원을 둔 복합문화공간이다. 보기 드물게 현대식 건물 상층부에는 눈앞에 펼쳐진 정겨운 한옥마을의 이미지와 잘 어울리는 한옥 한 채와 가까이 파노라마처럼 펼쳐진 북한산 풍광을 조망할 수 있게 조성한 옥상정원이 한옥의 멋과 자연의 싱그러움으로 방문객들의 시선을 즐겁게 한다. 1人을 찾는 사람이라면 누구나 꼭 놓치지 않고 들려 여유로운 힐링 시간을 보내는 곳이다. 지상의 조경과는 사뭇 다른 분위기다. 옥상이란 특성상 강한 풍속에 쉽게 노출될 수밖에 없는 환경에서는 수목의 전도나 먼지, 건조로부터 사전 피해에 대비하는 계획이 필요하다. 또한, 강한 바람과 햇빛은 옥상의 낮은 토양을 쉽게 건조하므로, 이러한 환경에도 잘 견디는 강한 수종과 초화류를 선택하고, 자동관수시스템 등을 도입하여 토양이 건조하지 않도록 관리해야 한다. 바닥에는 마사토를 두껍게 깔고, 투명 강화 유리난간을 견고하게 설치하여 주변 경관을 자연스럽게 끌어들였다. 관상가치가 있는 다양한 자연석을 중심으로 화단을 만들어 분재형 수목과 야생화로 마치 북한산의 일부를 옮겨다 놓은 듯 연출하였다. 옥상정원으로는 비교적 넓은 공간임에도 사전 계획과 정성스러운 관리로 해마다 찾아오는 손님들에게 멋진 쉼터를 제공한다. 거대한 산수분경을 보는 듯, 주변 환경에 자연스럽게 녹아드는 옥상정원은 북한산의 차경과 함께 하나의 아름다운 풍경을 이루며 방문객의 감성을 자극하는 이색적인 공간이다.

주요 나무와 야생화 MAJOR TREE & WILD FLOWER

갯국화 가을, 10~11월, 노란색
잎은 보통 국화와 같고, 뒷면과 가장자리에 은빛이 도는 흰색의 잔털이 빽빽이 나 있으며 두껍다.

기린초 여름~가을, 6~9월, 노란색
줄기가 기린 목처럼 쭉 뻗는 기린초는 큰 식물이 아닐까 생각되지만, 키는 고작 20~30㎝ 정도이다.

나비바늘꽃 여름~가을, 6~10월, 흰색·분홍색
부드럽게 스치는 바람에도 산들거리며 춤을 추는 아름다운 관상초로 조경용 소재로 좋다.

돌단풍 봄, 4~5월, 흰색
잎의 모양이 5~7개로 깊게 갈라진 단풍잎과 비슷하고 바위틈에서 자라 '돌단풍'이라고 한다.

매발톱꽃 봄, 4~7월, 자주색 등
꽃잎 뒤쪽에 '꽃뿔'이라는 꿀주머니가 매의 발톱처럼 안으로 굽은 모양이어서 이름이 붙었다.

매화나무 봄, 2~4월, 흰색
잎보다 먼저 피는 꽃이 매화이고, 열매는 식용으로 많이 쓰는 매실이다. 상용 또는 과수로 심는다.

미니철쭉 봄, 4~5월, 분홍색
진달래와 달리, 철쭉은 독성이 있어 먹을 수 없는 '개꽃'으로 관상용으로 작게 개량된 철쭉이다.

부처손 봄~가을, 포자기 7~9월, 녹색
산지 암벽에 나는 상록 다년초로, 헛줄기는 갈라져 퍼지고, 건조할 때는 안쪽으로 돌돌 말린다.

능수뽕나무 여름, 6월, 노란색
오디를 먹고 나면 방귀가 뽕뽕 나온다고 해서 뽕나무라고 한다. 가지는 늘어진다.

삼색조팝나무 여름, 6월, 분홍색
일본 원산으로 줄기는 모여 나고 높이 1m에 달하며 꽃은 새 가지 끝에 우산 모양으로 달린다.

솔세덤 여름, 7~8월, 노란색
다육성 식물로 잎의 모양이 솔잎을 닮아 붙여진 이름이다. 꽃은 별 모양으로 노랗게 핀다.

와송 여름~가을, 8~9월, 흰색
지붕 혹은 기와 위에서 자라는 모양이 마치 소나무 잎, 소나무꽃을 닮아서 붙여진 이름이다.

우산나물 여름~가을, 6~9월, 연한 홍색 등
50~100cm 높이로 봄에 잎이 우산같이 퍼지면서 나오는 새순을 나물로 먹는다.

할미꽃 봄, 4~5월, 자주색
흰 털로 덮인 열매의 덩어리가 할머니의 하얀 머리카락같이 보여서 '할미꽃'이라는 이름이 붙었다.

황금눈향나무 봄, 4~5월, 노란색
원줄기가 비스듬히 서거나 땅을 기며 퍼진다. 향나무와 비슷하나 옆으로 자라 가지가 꾸불꾸불하다.

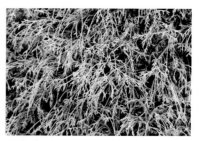

황금실향나무 봄, 4월, 노란색
사계절 내내 푸르고 가는 부드러운 잎이 특징으로 실과 같이 가는 황금색 잎이 밑으로 처진다.

조경 도면 LANDSCAPE DRAWING

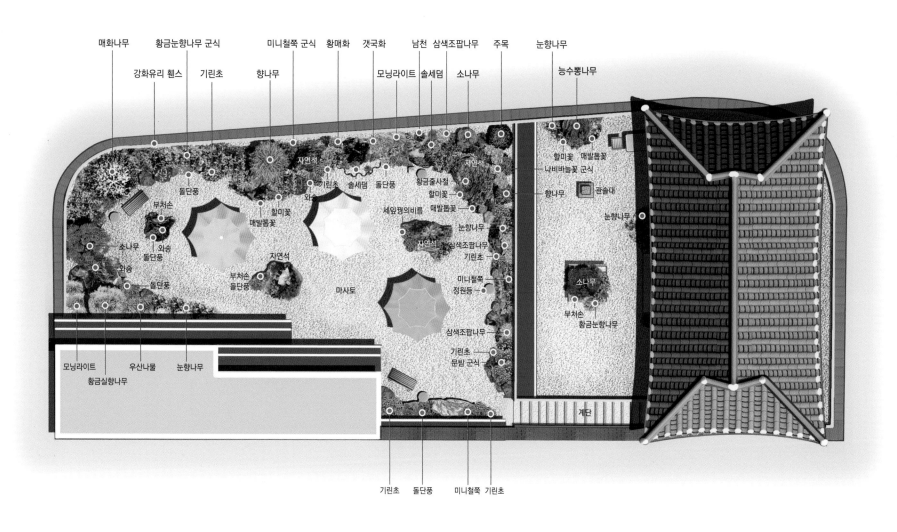

매화나무
강화유리 휀스
황금눈향나무 군식
기린초
미니철쭉 군식
향나무
황매화
갯국화
모닝라이트
남천
솔세덤
삼색조팝나무
소나무
주목
눈향나무
능수뽕나무

자연석
돌단풍
기린초
솔세덤
돌단풍
부처손
할미꽃
매발톱꽃
와송
할미꽃
매발톱꽃
세잎꿩의비름
황금줄사철
소나무
외송
자연석
부처손
돌단풍
눈향나무
외송
자연석
삼색조팝나무
돌단풍
기린초
마사토
미니철쭉
정원등
삼색조팝나무
기린초
문빔 군식

향미꽃
매발톱꽃
나비바늘꽃 군식
향나무
관솔대
눈향나무
소나무
부처손
황금눈향나무

모닝라이트
황금실향나무
우산나물
눈향나무

기린초
돌단풍
미니철쭉
기린초

계단

01_ 마을의 전망대와 같은 옥상정원에 오르면 택지개발지구에 새로 조성된
은평한옥마을의 정겨운 풍경이 한 눈에 펼쳐진다.

02_ 키 낮은 분재형 향나무를 요점식재하고 자연석으로 화단을 만들어 낮은
관목과 야생화로 자연미를 연출했다.

03_ 1인의 1인1잔 카페는 차를 마시며 자연 풍광을 즐길 수 있도록 실내는 물론,
옥상과 한옥 별채에도 테이블을 마련하여 휴식공간으로 이용하고 있다.

04_ 분재형으로 작게 키운 향나무, 눈향나무, 미니철쭉 등 가능한 낮은 토심과 강한 바람에 잘 견딜 수 있는 수종으로 정원을 꾸몄다.
05_ 옥상 바닥에 굵은 마사토를 깔고 관상가치가 있는 다양한 형태의 자연석을 자연스럽게 배치하여 자생식물 위주의 화단으로 꾸몄다.
06_ 옥상조경은 과밀화된 도시의 제한적인 녹지 비율을 증가시켜 토지의 이용률을 높이는 효과를 거둔다.

01_ 한옥마을의 상징성을 부여해 건물의 최상층에 지은 1인의 한옥 별채가 북한산의 원경과 어우러지며 한 폭의 동양화처럼 다가온다.

02_ 2단으로 이루어진 옥상정원 하단부에 한옥을 지어 위단의 주정원에서 내려다보면 한옥 팔작지붕의 멋스러움을 한 눈에 감상할 수 있다.

03_ 투박한 옛 우물을 점경물 겸 화분으로 이용하여 키 낮은 분재형 소나무와 황금눈향나무, 부처손으로 연출하였다.

04_ 누마루에 좌식 테이블을 배치하고 화강석 디딤돌과 콩자갈로 전통마당의 느낌을 구현한 1인1잔의 실내와 외부 한옥 별채의 마당이 연결되어 있다.

05_ 굵은 마사토 바닥과 석물, 석담 등으로 한옥 마당의 분위기를 살렸다.

06_ 마당에는 판석을 반턱맞춤으로 결구한 우물과 밤에 관솔을 태워 불을 밝히던 야외용 조명기구인 관솔대를 점경물로 활용하였다.

01_ 유리난간을 사이에 두고 산수분경을 들여놓은 듯 연출한 옥상정원이 주변의 풍광에 자연스럽게 녹아든다.

02_ 관상 가치가 있는 자연석을 중심으로 분재형 수목과 야생화를 조화롭게 배식했다.

03_ 세월의 흔적이 묻어 관상가치가 있는 자연석들을 여백미를 살려 조화롭게 배치하니 북한산 차경에 흡수되어 풍경을 이룬다.

04_ 장대석계단과 고막이벽 사이에도 미니화단을 꾸며 한옥 별채를 오가는 사람들의 시선을 즐겁게 한다.

05_ 계단 아래 투박한 석분에 담긴 원예종 오스카카네이션이 화사하다.

06_ 하중과 강한 바람에 영향을 받는 옥상의 환경을 고려하여 키 작은 눈향나무와 미니철쭉 등을 주종으로 심어 연출했다.

07_ 야간에도 정원에 나와 야경을 즐기며 휴식할 수 있도록 화단과 마사토 바닥에 조경시설을 더해 조명에 신경을 썼다.

전통적인 방법으로 정성을 다해 지은 한옥의 고즈넉한 멋과
야생화 조원이 초화를 이룬 고당의 마당 풍경이다.

1,671㎡
505 py

남양주 고당

커피향기 진한
한옥카페 정원

위 치	경기도 남양주시 조안면 북한강로 121
대 지 면 적	1,983㎡(600평)
조 경 면 적	1,671㎡(505평)
조경설계·시공	건축주 직영

'한옥에서 즐기는 커피'로 손님을 끄는 카페 고당은 커피와 한옥이란 다소 생경한 느낌임에도 한옥의 멋이 진한 커피향기와 더불어 자연스럽게 와 닿는 곳이다. 전통 사대부집을 재현한 88칸 한옥에 정자와 전통담장, 굴뚝, 화계 등 여러 전통 요소를 고루 갖춘 고당은 넓은 마당 곳곳에 조경이 운치있게 조성되어 있어 손님들에게 좋은 인상을 심어 준다. 소나무가 식재된 주차장 뜰에서 솟을대문에 들어서면 마당을 좌우로 가르는 허리 높이의 와편담장이 눈에 들어온다. 이 담을 중심으로 오른쪽은 사랑채와 행랑채, 왼쪽은 안채와 별당, 정자가 자리하고 있다. 옛 한옥 마당이 주로 생활공간으로 활용되었듯이 넓은 마당은 손님을 위한 소통의 공간으로 비워두고 담 주변으로 아담하게 화단을 조성했다. 공간구획을 위해 마당에 길게 쌓은 와편담장은 좌우 안팎의 시야와 프라이버시를 고려해 높이를 정교하게 조정하고, 꽃담 문양을 넣어 장식미를 더한 점은 눈여겨 볼만하다. 담장 앞에는 왕벚나무와 산수국, 매화나무, 옥매, 화살나무 등을 심고, 계절마다 초화류를 바꿔가며 분위기 전환을 꾀한다. 별당이 있는 후원으로 돌아가면 자연석으로 축조한 2단의 화계에 서로 다른 높이의 와편굴뚝이 양쪽으로 균형감 있게 서 있고, 화계 아랫부분에는 커다란 물확을 배치하여 수련을 심는 등 아기자기하고 운치 있는 정원 분위기에 빠지게 된다. 세월이 흘러도 정원의 아름다움을 잘 유지할 수 있는 것은 주인장 내외의 노력 덕이다. 전문 도편수와 함께 전통방식으로 5년에 걸쳐 완성한 카페 고당은 전통한옥에서 느낄 수 있는 고즈넉한 전통의 멋에 더해 진한 커피 향까지 즐길 수 있는 아름다운 카페 정원이다.

주요 나무와 야생화 MAJOR TREE & WILD FLOWER

공조팝나무 봄, 4~5월, 흰색
크기는 높이 1~2m 정도로 꽃은 잎과 같이 피고 지름 7~10mm로서 가지에 산형상으로 나열된다.

기린초 여름~가을, 6~9월, 노란색
줄기가 기린 목처럼 쭉 뻗는 기린초는 아주 큰 식물이 아닐까 생각하지만 키는 고작 20~30㎝ 정도이다.

마거리트 여름~가을, 7~10월, 흰색 등
다년초로 높이는 1m 정도이고, 쑥갓과 비슷하지만, 목질이 있으므로 '나무쑥갓'이라고 부른다.

매화나무 봄, 2~4월, 흰색 등
잎보다 먼저 피는 꽃이 매화이고 열매는 식용으로 많이 쓰는 매실이다. 상용 또는 과수로 심는다.

범부채 여름, 7~8월, 붉은색
낮에는 꽃을 활짝 피우고, 저녁이 되면 붉게 꼬아지면서 꽃을 오므려 마치 꽈배기 모양이다.

붉은인동 여름, 5~6월, 붉은색
줄기가 다른 물체를 감으면서 길이 5m까지 뻗는다. 늦게 난 잎은 상록인 상태로 겨울을 난다.

비비추 여름, 7~8월, 보라색
꽃은 한쪽으로 치우쳐서 총상으로 달리며 화관은 끝이 6개로 갈래 조각이 약간 뒤로 젖혀진다.

산딸나무 봄, 5~6월, 흰색
꽃은 짧은 가지 끝에 두상꽃차례로 피고 좁은 달걀 모양의 4개 하얀 포(苞) 조각으로 싸인다.

산수국 여름, 7~8월, 흰색·하늘색
낙엽관목으로 높이 약 1m이며 작은 가지에 털이 나고 꽃은 가지 끝에 산방꽃차례로 달린다.

산수유 봄, 3~4월, 노란색
봄을 여는 노란색 꽃은 잎보다 먼저 피는데 짧은 가지 끝에 산형꽃차례로 20~30개가 모인다.

아로니아 봄, 4~5월, 흰색
장미과의 낙엽관목으로 높이는 2.5~3m이고 열매는 8월에 검게 익는데 열매는 식용하거나 관상용으로 재배한다.

왕벚나무 봄, 4월, 흰색·홍색
꽃봉오리는 분홍색이 돌고 활짝 피면 흰색이다. 둥근 열매는 검은색으로 익고 먹을 수 있다.

작약 봄~여름, 5~6월, 분홍색 등
줄기는 여러 개가 한 포기에서 나와 곧게 서고 꽃은 지름 10cm로 아름다워 원예용으로 심는다.

조릿대 여름, 4월, 검자주색
높이 1~2m로 껍질은 2~3년간 떨어지지 않고 4년째 잎집 모양의 잎이 벗겨지면서 없어진다.

튤립 봄, 4~5월, 빨간·노란색 등
관상용 다년생 구근초로 비늘줄기는 달걀 모양이고 원줄기는 곧게 서며 갈라지지 않는다.

화살나무 봄, 5월, 녹색
많은 줄기에 많은 가지가 갈라지고 가지에는 화살의 날개 모양을 띤 코르크질이 2~4줄이 생겨난다.

조경 도면 LANDSCAPE DRAWING

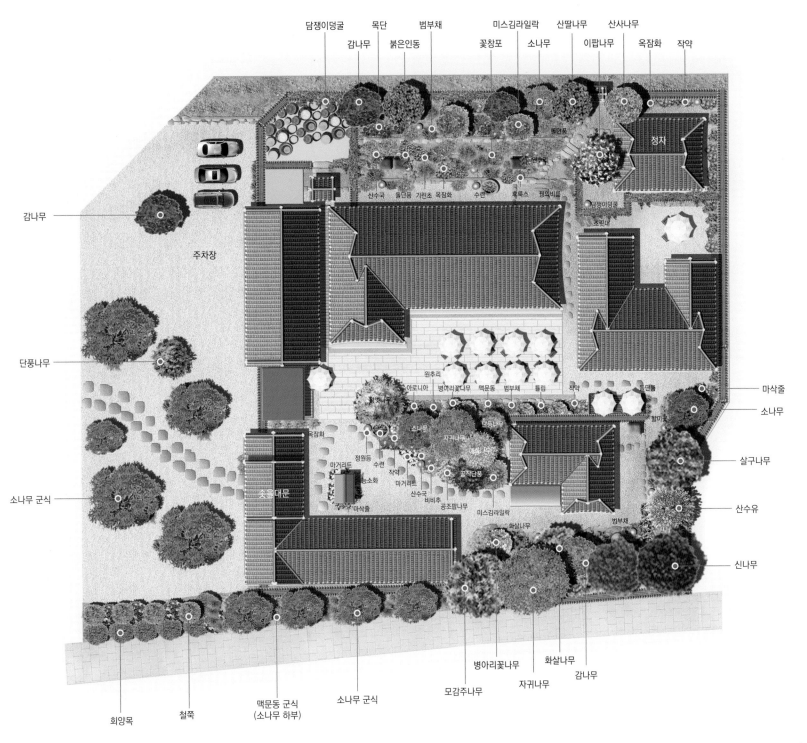

담쟁이덩굴　목단　범부채　미스김라일락　산딸나무　산사나무
감나무　붉은인동　꽃창포　소나무　이팝나무　옥잠화　작약

감나무

단풍나무

소나무 군식

주차장

돌단풍

정자

연추제

산수국　돌단풍　기린초　옥잠화　수련　록룩스　꿩의비름

담쟁이덩굴

조릿대

옥잠화

원추리

아로니아　병아리꽃나무　맥문동　범부채　튤립　작약　홍단풍

왕벚나무

마삭줄

소나무

소나무

자귀나무

단풍나무

할미초

정원등

매화나무

마거리트　수련

능소화

공작단풍

살구나무

솟을대문

산수국

작약

비비추

산수유

마거리트

마삭줄

공조팝나무

미스김라일락

화살나무

범부채

신나무

회양목　철쭉

맥문동 군식
(소나무 하부)

소나무 군식

모감주나무

병아리꽃나무　화살나무
자귀나무　감나무

01_ 주차장에서 솟을대문에 이르는 바깥뜰에 마사토를 깔고 소나무를
곳곳에 요점식재하여 외부 경관을 살렸다.
02_ '한옥에서 즐기는 커피'로 잘 알려진 카페 고당의 안마당에는
파라솔을 배치하여 손님을 위한 소통의 공간으로 활용한다.
03_ 안채의 담장 밑 화단에는 범부채, 옥잠화, 비비추, 붓꽃, 물싸리,
비비추, 마거리트 등 주로 야생화류를 심었다.
04_ 와편담장 아래를 마운딩하여 자연스럽게 형성한 화단에는 왕벚나무와
산수국, 매화나무, 옥매, 화살나무 등을 식재하였다.
05_ 아늑한 분위기가 감도는 행랑마당, 사랑채로 이어지는 동선에 판석이
깔려 있다.

01, 02_ 곳곳에 자연석과 석조 점경물을 배치하고, 나무 밑에서 자라는 야생화의 생육 환경을 고려해 낙엽활엽수를 심었다.
03_ 와편담장 끝에 난간을 두른 데크를 만들고 테이블을 배치하여 손님들을 위한 특별한 공간으로 활용한다.

04_ 마당에 담을 길게 쌓아 조원함으로써 적절한 차폐 효과뿐만 아니라 공간의 구성미도 한껏 끌어올렸다.

05_ 화단과 별당에 오르는 계단 겸 안채 뒤뜰 별당 입구를 장식한 화계이다.

06_ 와편굴뚝에 붉은인동이 타고 올라 정원 분위기를 고조시킨다. 돌단풍, 붓꽃, 범부채, 기린초 등 다양한 야생화가 싱그럽게 군락을 이루며 자라고 있다.

01_ 사랑채와 행랑채 사이에 가림막을 설치하고 조경으로 꾸며 안쪽으로의 시선을 가려주는 내담을 대신했다.

02_ 전통담장과 굴뚝, 괴석, 물확 등 한옥조경의 여러가지 점경물들이 조화를 이룬 아름다운 화계다.

03_ 2단으로 구성한 화계를 가로질러 올라가면 안쪽 담 너머로 조용하고 운치 있는
정자에 이른다.
04_ 행랑채보다 높게 솟은 솟을대문의 웅장함과 기품은 고당의 또 다른 볼거리다.

안팎이 훤하게 개방된 카페 입구, 담장 밑에 심은 각종 야생화와
정성스럽게 가꾼 아름다운 분화들이 입구에서 손님들을 맞는다.

이천 한옥카페 희원

아름다운 쉼터,
한옥카페 정원

위　　　치	경기도 이천시 부발읍 황무로 2065번길 221-10
대 지 면 적	2,689㎡(813평)
조 경 면 적	2,349㎡(711평)
조경설계·시공	건축주 직영

현대인들은 복잡한 도심 속의 굴레를 벗어나 가끔은 무언가 색다른 장
소, 색다른 분위기에서 편히 보낼 수 있는 쉼터를 찾아 떠나곤 한다.
기왕이면 자연이 있는 여유로운 공간에서 신선한 공기를 마시며 잠시
나마 지친 심신을 힐링하고 싶은 것이다. 근래 도심 외곽에 생기는 카
페들은 이런 현대인들의 욕구를 잘 충족해 주는 분위기로 바뀌어가고
있는 추세다. 도심과 떨어진 넓은 공간에 아름다운 정원과 산책로가
있고 여기에 다양한 문화공간까지 갖춘 곳이 늘고 있다. 이천의 한적
한 곳에 들어선 한옥카페 '희원(喜園)' 역시 그런 곳 중 하나다. 한옥
에 현대적인 편리함을 접목하여 색다른 멋과 분위기가 돋보이는 곳이
다. 탁 트인 넓은 잔디마당에 다양한 꽃과 나무로 아름답게 가꾼 정원
이 입소문을 타면서 인기가 높아진 곳이다. 처마 밑 맑고 고운 풍경소
리가 귓가에 울려 퍼지는 고즈넉한 한옥 분위기, 실내 창가에 앉아 차
한 잔의 여유를 만끽하며 아름다운 정원을 바라보고 있노라면 입가에
절로 밝은 미소가 햇살처럼 번지고, 희원(喜園)이란 이름 그대로 찾아
오는 이들에게 기쁨과 즐거움, 편안함을 안겨주는 곳이다. 말끔하게
지은 3채의 현대한옥을 중심으로 담장 주변을 따라 다양한 야생화와
수목, 점경물들이 정원을 장식한다. 곳곳에 야외 테이블과 의자, 파라
솔, 벤치 등이 놓여 있어 넓은 잔디마당에서 차를 마시고 담장 따라 정
원을 산책할 수 있다. 특히, 주인의 섬세한 손길로 완성한 다양한 야
생화 항아리 분화작품들이 카페 입구와 정원 이곳저곳에 배치되어 있
어 정원의 감상미를 더한다. 처음 한옥에 끌려 들어와 앉아 있으면 시
원스런 정원 풍경에 더 마음이 끌리는 편안하고 아름다운 쉼터다.

주요 나무와 야생화 MAJOR TREE & WILD FLOWER

금낭화 봄, 5~6월, 붉은색
전체가 흰빛이 도는 녹색이고 꽃은 담홍색의 볼록한 주머니 모양의 꽃이 주렁주렁 달린다.

라임수국 여름~가을, 7~10월, 연녹색·백색 등
꽃이 대형 원추꽃차례로 개화 초기에는 연녹색을 띠다 백색으로 변하고 가을에는 연분홍을 띤다.

루드베키아 여름, 6~8월, 노란색
북아메리카 원산으로 여름철 화단용이나 길가에 관상용으로 심어 기르는 한해 또는 여러해살이풀이다.

리아트리스 여름, 6~7월, 보라색
줄기는 곧게 자라며, 꽃이 줄기 상부에 수상화서로 조밀하게 피며, 화서에는 부드러운 털이 있다

배롱나무/백일홍/간지럼나무 여름, 7~9월, 붉은색 등
100일 동안 꽃이 피어 '백일홍' 또는 나무껍질을 손으로 긁으면 잎이 움직인다고 하여 '간지럼나무'라고도 한다.

백일홍 여름~가을, 6~10월, 붉은색 등
꽃이 잘 시들지 않고 100일 이상 오랫동안 피어 유지되므로 '백일홍(百日紅)'이라고 부른다.

부들레야 여름, 6~7월, 보라색·백색 등
아치형으로 왕성하게 자라는 낙엽관목으로 조밀한 꽃이 약간 아래로 기울여져 핀다.

붉은인동 여름, 5~6월, 붉은색
줄기가 다른 물체를 감으면서 길이 5m까지 뻗는다. 늦게 난 잎은 상록인 상태로 겨울을 난다.

사계국화 봄, 4~5월, 연보라·분홍색
호주가 원산지이고 국화과의 여러해살이풀로 사계절 쉼없이 핀다고 해서 사계국화라 한다.

산딸나무 봄, 5~6월, 흰색
꽃은 짧은 가지 끝에 두상꽃차례로 피고 좁은 달걀 모양의 4개 하얀 포(苞) 조각으로 싸인다.

산수유 봄, 3~4월, 노란색
봄을 여는 노란색 꽃은 잎보다 먼저 피고, 가을에 식용이 가능한 붉은색 열매가 달린다.

삼색조팝나무 여름, 6월, 분홍색
일본 원산으로 줄기는 모여 나고 높이 1m에 달하며 꽃은 새 가지 끝에 우산 모양으로 달린다.

아스타 여름~가을, 7~10월, 푸른색 등
이름은 '별'을 의미하는 고대 그리스 단어에서 유래했다. 꽃차례 모양이 별을 연상시켜서 붙은 이름이다.

으름덩굴 봄, 4~5월, 흰색
덩굴성 식물이며 잎은 손꼴겹잎으로 으름은 열매의 속살이 얼음처럼 보이는 데서 유래 되었다.

좀작살나무 여름, 7~8월, 자주색
가지는 원줄기를 가운데 두고 양쪽으로 두 개씩 마주 보고 갈라져 작살 모양으로 보인다.

해당화 봄, 5~7월, 붉은색
바닷가 모래땅에서 자란다. 높이 1~1.5m로 가지를 치며 갈색 가시가 빽빽이 나고 털이 있다.

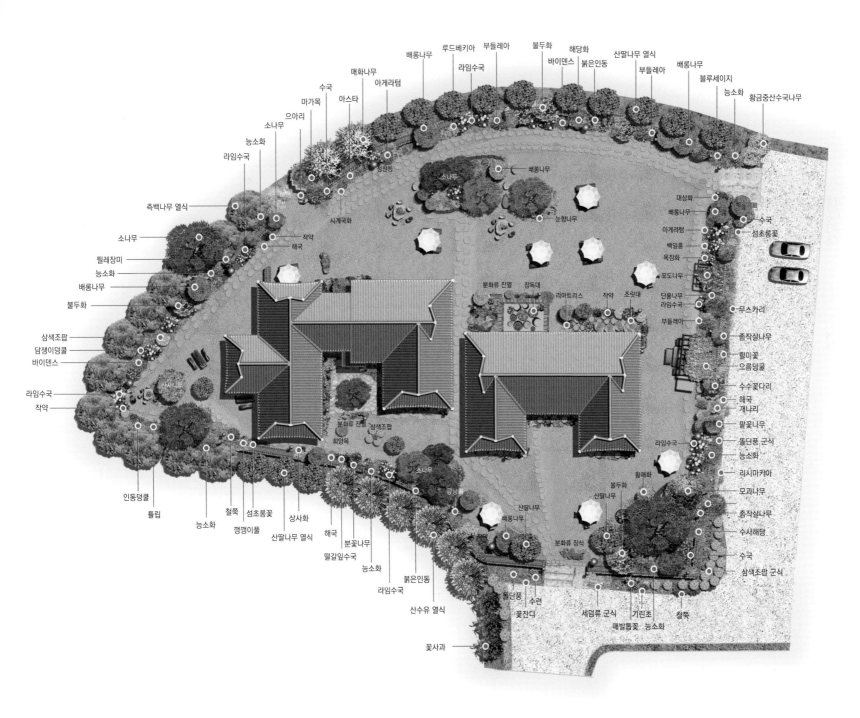

01_ 현대한옥과 정원이 조화를 이룬 고즈넉한 분위기의 카페 입구 전경.
02_ 동선마다 넓은 현무암 판석을 깔아 보행을 돕고, 긴 담장을 따라 다양한 콘셉트의
조경을 연출하여 볼거리가 다채롭다.
03_ 화단 경계선을 카페 분위기와 어울리는 수키와로 마감하여 전통 분위기를 더했다.
04_ 각종 분화작품이 카페 입구를 화사하게 장식하고, 처마 끝에 달린 풍경은 스치는
바람에 맑고 고운 소리로 손님을 맞는다.

05_ 자연의 집, 한옥에는 특히 자생종이 잘 어울린다. 다양한 분에 담긴 자생종
꽃을 관찰하며 하나하나 알아가는 재미 또한 쏠쏠하다.
06_ 다양한 형태의 항아리와 화분을 활용해 특이한 식물이나 재배가 까다로워
쉽게 옮기기 어려운 식물을 분화작품으로 연출해 색다른 분위기를 선사한다.

01

02

01_ 카펫처럼 촘촘하게 잘 다듬어진 녹색 잔디의 휴게공간, 담장 따라 길게
조성된 산책로가 편안함을 안겨주는 뒷마당의 너른 정원이다.
02_ 돌담 옆의 능소화와 배롱나무가 한옥과 조화를 이루고, 곳곳에 심은
관목류가 볼륨감 있게 잘 자라 풍성함을 자랑한다.
03_ 말끔하게 잘 지은 한옥 채와 시원스럽게 탁 트인 잔디마당, 그 위의 놓인
테이블과 파라솔은 바쁜 우리 일상에 쉼표를 찍어주는 힐링 공간이다.
04_ 오가는 발걸음이 불편하지 않도록 동선에 두 줄로 디딤돌을 놓았다.
05_ 돌을 조각해 만든 독특한 형태의 테이블과 의자는 전통조경 기법에서
많이 등장하는 요소로, 이용의 편리성에 점경물이란 이중효과를 내기에 좋은
요소이다.
06_ 마당 곳곳에 조경과 휴게공간을 함께 꾸며, 정원 어디서든 편안한
분위기에서 휴식을 취할 수 있다.

01_ 예각진 정원 모서리에 식물을 군식하여
아늑한 공간을 연출했다.
02_ 한옥 주변으로 분화 및 첨경물들을
자연스럽게 배치하여 구석구석 아기자기한
볼거리가 눈에 많이 띈다.
03_ 와편담을 낮게 쌓은 장독대 주변으로
꽃이 아름다운 관목과 화초류를 심어 담장의
밋밋함을 보완했다.
04_ 2단으로 쌓은 돌담 위에 각종 야생화를
심어 독특한 화계를 연출했다.
05_ 한옥과 돌담이 어우러져 더욱 아름다운
경관을 자아내는 고즈넉한 분위기의 카페
전경이다.

01_ 한옥의 건축미가 고스란히 느껴지는 차분한 분위기의 카페 내부 모습.

02_ 기와를 얹은 돌담 아래 만개한 금낭화는 한옥조경과 잘 어울리는 자생화이다.

03_ 한옥의 창호 대신 통유리를 설치해 실내에서도 정원 풍경을 감상하며 차 한 잔의 여유를 누릴 수 있다.

04_ 조명을 밝힌 매혹적인 분위기의 카페 야간 경관. 조명의 미적인 기능을 위해서는 설치 위치나 디자인도 함께 고려해야 한다.

옛 한옥의 전통미가 살아 있는 초입 사랑채마당의 전경.
옛 마사토 마당은 넓은 잔디마당으로 탈바꿈하였다.

7,010㎡
2,121py

익산 왕궁다원

한옥의 멋을 이어가는
한옥카페 정원

위   치   전라북도 익산시 왕궁면 사곡길 21-5
대 지 면 적   7,348㎡(2,223평)
조 경 면 적   7,010㎡(2,121평)
조경설계·시공   늘푸른수목원

150년 긴 세월을 이어온 지금의 왕궁다원(王宮茶園)은 이 고장의 만석꾼이었던 표정(瓢庭) 송병우(宋炳雨)의 집터다. 세월이 흘러 고택이 소실되고 훼손된 부분은 그의 손자 송호윤이 늘푸른수목원을 운영하면서 손수 보수하고 유지하여 지금의 왕궁다원의 모습을 갖추었다. 현재는 송병우의 증손녀가 할아버지가 살던 옛 한옥의 멋을 이어가며 다원으로 운영하고 관리한다. 이곳의 조경 역시 공간배치 면에서 대체로 전통정원의 특징인 순천주의 자연관이 적용되었음을 볼 수 있다. 자연의 형태를 훼손하기보다는 확대나 축소의 변형 과정을 거쳐 자연과 유사한 비정형적인 형태를 취한다. 또한, 수평적인 공간 구분보다 수직적인 구분이 강하게 나타나 한국 지형의 특성에 따른 전통조경의 또 다른 특징을 살펴볼 수 있다. 사랑채마당과 사랑채, 안마당과 안채, 뒤뜰, 수목원으로 이어지는 수직적 공간배치에 더하여 좌·우측에 숨겨진 넓은 잔디마당을 둠으로써 수평적 공간이 넓어져 전체적으로 부채꼴 모양의 형태를 이루고 있으며, 시야의 열림과 닫힘으로 인한 깊은 공간감과 신비스러운 분위기를 나타낸다. 자연미와 토속미를 강조한 정원에는 특히 자생종과 전통적 요소로 조화롭게 연출하여 꾸민 휴식공간을 곳곳에 두고 있어 손님들이 정원을 두루두루 둘러보며 산책하는 재미를 느낄 수 있다. 자연미가 물씬 풍기는 정원 분위기에 걸맞게 자연석이나 통나무 등 주로 자연적인 소재와 한옥에서 활용했던 옛 생활도구인 우물과 평상, 절구 등 소박한 생활소품들을 점경물로 활용하여 옛 한옥의 찻집다운 정감 넘치는 분위기로 방문객들의 마음을 끄는 한옥카페 정원이다.

꽃범의꼬리 여름~가을, 7~9월, 분홍색·흰색 등
총상꽃차례로 꽃받침은 종 모양, 화관은 입술 모양, 꽃잎은 상순은 둥글며 하순은 3갈래로 갈라진다.

루드베키아 여름, 6~8월, 노란색
북아메리카 원산으로 여름철 화단용이나 길가에 관상용으로 심어 기르는 한해 또는 여러해살이풀이다.

배롱나무/백일홍/간지럼나무 여름, 7~9월, 붉은색 등
백일홍나무라고도 하며, 나무껍질을 손으로 긁으면 잎이 움직인다고 하여 간지럼나무라고도 한다.

백일홍 여름~가을, 6~10월, 붉은색 등
꽃이 잘 시들지 않고 100일 이상 오랫동안 피어 유지되므로 '백일홍(百日紅)'이라고 부른다.

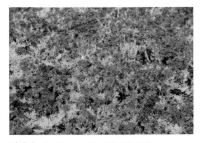

버베나 봄~가을, 5~10월, 적색·분홍색 등
주로 아메리카 원산으로 열대 또는 온대성 식물이다. 품종은 약 200여 종이 있다.

복숭아나무 봄, 4~5월, 흰색·연홍색
낙엽 소교목으로 높이는 3m정도로 복사나무라고도 한다. 열매는 식용하고, 씨앗은 약재로 쓰인다

부추 여름, 7~8월, 흰색
잎 사이에서 편평한 꽃대가 나와 끝에 큰 우상모양 꽃차례가 피는데, 촘촘히 모여 반구를 이룬다.

붓꽃 봄~여름, 5~6월, 자주색 등
약간 습한 풀밭이나 건조한 곳에서 자란다. 꽃봉오리의 모습이 붓을 닮아서 '붓꽃'이라 한다.

송엽국 봄~여름, 4~6월, 자홍색 등
줄기는 밑 부분이 나무처럼 단단하고 옆으로 벋으면서 뿌리를 내리며 빠르게 번식한다.

아로니아 봄, 4~5월, 흰색
장미과의 낙엽관목으로 높이는 2.5~3m이고 열매는 8월에 검게 익는데 열매는 식용하거나 관상용으로 재배한다.

양귀비 봄~여름, 5~6월, 백색·적색 등
동유럽이 원산지로 줄기의 높이는 50~150cm이고 약용, 관상용으로 재배하고 있다.

에키네시아 여름, 6~8월, 분홍색·흰색 등
북아메리카 원산으로 다년생이며, 꽃 모양이 원추형이고 꽃잎이 뒤집어져 아래로 쳐진다.

접시꽃 여름, 6월, 붉은색 등
원줄기는 털이 있으며 초여름에 접시 모양의 커다란 꽃이 피고 열매도 둥글납작한 접시 모양이다.

체리 봄, 4월, 흰색
꽃이 핀 지 60~80일이 지난 뒤인 5~7월에 검붉은색을 띤 둥근 과실로 '버찌'라고도 부른다.

풍접초 여름~가을, 8~9월, 분홍색·백색 등
아메리카 원산 한해살이풀로 줄기는 높이 1m 정도이고 꽃은 총상꽃차례를 이룬다.

흰꽃나도사프란 여름~가을, 7~10월, 백색
남아메리카 원산으로 꽃은 줄기 끝에 1송이씩 위를 향해 달리는 데 낮에는 피고 밤에는 오그라든다.

조경 도면 LANDSCAPE DRAWING

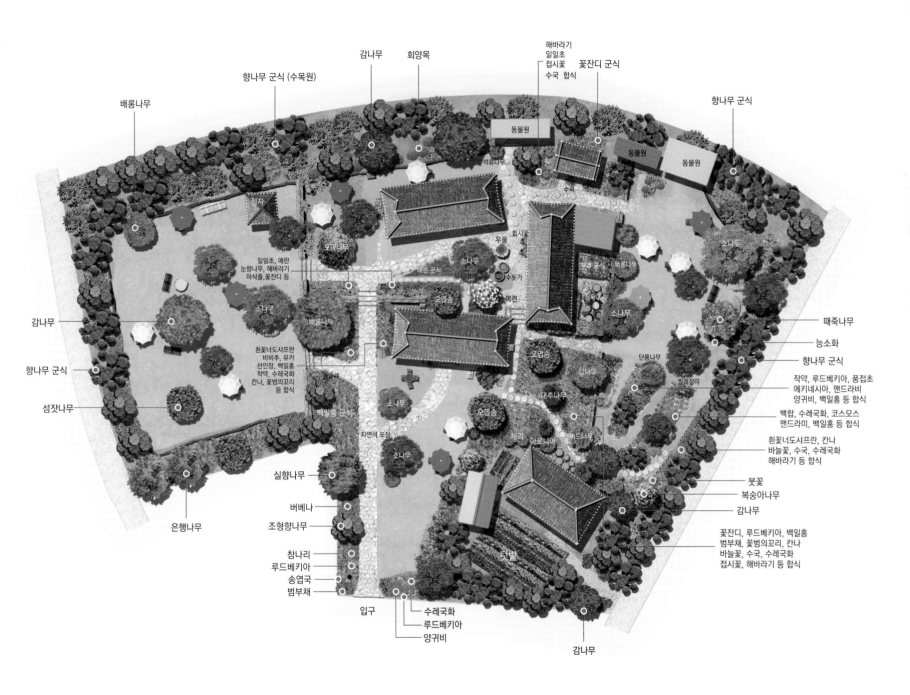

배롱나무

향나무 군식 (수목원)

감나무

회양목

해바라기
일일초
접시꽃
수국 합식

꽃잔디 군식

향나무 군식

동물원

동물원

동물원

석류나무

수국

정자

소나무

첩시꽃

소나무

모과나무

우물

일일초, 애란
눈향나무, 해바라기
마삭줄,꽃잔디 등

애란 군식

수돗가

소나무

목련

오엽송

배롱나무

때죽나무

감나무

소나무

배롱나무

능소화

흰꽃너도샤프란
비비추, 유카
선인장, 백일홍
작약, 수레국화
칸나, 꽃범의꼬리
등 합식

향나무 군식

향나무 군식

오엽송

감나무

단풍나무

찔레장미

작약, 루드베키아, 풍접초
에키네시아, 맨드라비
양귀비, 백일홍 등 합식

섬잣나무

백일홍 군식

소나무

대추나무

백합, 수레국화, 코스모스
맨드라미, 백일홍 등 합식

자연석 포장

오엽송

체리

아로니아

버드나무

흰꽃너도샤프란, 칸나
바늘꽃, 수국, 수레국화
해바라기 등 합식

소나무

실향나무

붓꽃
복숭아나무

버베나

감나무

조형향나무

꽃잔디, 루드베키아, 백일홍
범부채, 꽃범의꼬리, 칸나
바늘꽃, 수국, 수레국화
접시꽃, 해바라기 등 합식

참나리

루드베키아

송엽국

범부채

텃밭

입구

수레국화

루드베키아

양귀비

감나무

은행나무

01_ 한옥과 토석담을 중심으로 자연스럽게 조성한 사랑채마당의 풍경이다.

02_ 옛 향취가 묻어있는 돌계단과 황토기단. 주인장의 손길로 수형이 잘 다듬어진 향나무와 섬잣나무가 정원의 중심을 이룬다.

03_ 규모가 크지는 않지만, 수목원을 두고 고풍스러운 오래된 전통한옥을 그대로 보존하면서 정원을 아름답게 가꿔놓은 한옥카페다.

04_ 사랑채와 안채 사이의 토석담을 배경으로 배롱나무, 백일홍, 꽃범의꼬리 등이 화사하게 만개한 화단이다.

05_ 정성으로 가꾼 오래된 배롱나무, 소나무, 향나무 등 주요 조경수들이 정원 곳곳의 경관을 이끈다.

06_ 사랑채로 안내하는 부드러운 곡선 길, 자연석 질감이 정원에 자연미를 더해준다.

01_ 배롱나무 밑에는 키 작은 관목과 야생화를 심고, 우측 화단에는 햇빛에 강한 선인장과 흰꽃나도사프란 등을 심어 아기자기하게 연출했다.

02_ 시골 동네 길을 걷는듯 마당에 들어서면 군락을 이룬 다양한 색상의 백일홍이 바람에 고개를 저으며 시선을 모은다.

03_ 정원의 포인트 수목으로 풍성하게 잘 자란 배롱나무. 붉은색 외에도 분홍색, 보라색, 흰색 등 다양한 색상을 가진 인기 있는 조경수다.

04_ 한옥과 토석담 그리고 자연석 돌길, 토속미 넘치는 고즈넉한 풍경에 절로 마음이 차분해지는 한옥 정원이다.

05_ 안마당을 중심으로 ㄷ자형으로 채들이 배치되어 있고 소나무 뒤로 별채가 보인다.

01_ 옛 모습 그대로 평석교, 우물, 디딤돌, 댓돌 등 구성요소 하나하나가 오랜 숨결이 배어있는 정원의 주인공들이다.

02_ 본채를 중심으로 위·아래, 좌·우측 짜임새 있는 공간 구분으로 요리조리 둘러보며 정원을 산책하는 재미가 쏠쏠하다.

03_ 민속촌에서나 볼만한 전통가옥을 그대로 잘 보존하고 관리해온 덕에 많은 사람에게 옛 전통 한옥의 향취와 멋을 선사하는 정감 있는 분위기의 찻집이다.

04_ 시골집 손님맞이 꽃으로 한국인에게 친근감 있게 다가오는 접시꽃, 오랜 세월을 견뎌온 황토기단과 접시꽃의 조화가 특별하다.

05_ 그 옛날 생활용수의 주요 공급원이었던 우물이 이제는 안마당 중심의 점경물이 되었다.

06_ 자연 소재와 항아리를 활용해 수수하게 꾸민 화단이라 더욱더 감성적이다.

01_ 150년의 세월을 넘긴 옛 시골집이 이제는 현대인의 마음에 감동을 주는 편안한 힐링 공간으로 한옥의 가치를 이어가고 있다.
02_ 재활용 기와를 얹어 만든 내담 사이로 군락을 이룬 접시꽃이 자태를 뽐낸다.

03_ 뒤뜰 언덕에는 늘푸른수목원이 정원 주변으로 펼쳐져 있어 녹색공간의 푸르름을 이어주고 있다.
04_ 정원의 이곳저곳에 푸른 잔디와 다양한 야생화가 풍성하게 자라고 있어 구석구석 볼거리가 많은 정원이다.
05_ 맷돌을 이용한 디딤돌이 놓여 있고 형형색색 꽃들이 가득한 자연식 전통한옥 정원이다.